《大田膜下滴灌技术及其应用》编写人员名单

主　编　张志新

副主编　李　明　鹿　毅　李宝珠

编　者　靳　智　胡卫东　陈　林　王新勇
魏统全　张明义　李熔曦　孙九胜

前　言

大田膜下滴灌是新疆科技人员、广大新疆生产建设兵团农垦战士和农民群众在节水灌溉实践中逐步发展完善起来的一种价廉、高效的灌溉新技术。它突破了滴灌技术价格高昂的神话，引领了干旱区大田作物栽培的一次革命性变革，成为现代农业的技术平台，突出表现为精准（精准播种、精准灌水、精准施肥等）、高效（劳动效率高、增产幅度大）、节约（节水、节能、节地、节肥等）、环保（环境友好、盐渍土改良利用等）、易控（机械化、自动化、集约化），对国民经济与社会发展以及科技进步产生了非常突出的影响。大田膜下滴灌技术是促进农业向规模化、机械化、自动化、精准化方向发展的关键技术措施，是实现干旱区大田作物农业现代化的必由之路，是对世界灌溉技术发展的突出贡献，其发展前景异常广阔。

2009年底，国家质量技术检验检疫总局批准了新疆维吾尔自治区产品质量监督检验研究院等共同申报的国家公益性标准化科研项目《微灌标准体系的研究与示范推广》，经过两年多的努力，该项目已圆满完成，本书是其成果之一。广大农垦战士和农民群众是大田膜下滴灌技术的主要践行者，为适应当前大田膜下滴灌迅猛发展的需要，作者怀着崇敬心情，希望通过此书，以通俗易懂的方式，将有关大田膜下滴灌技术方面的知识介绍给他们。

全书共九章，第一章简述了大田膜下滴灌的产生和发展及发展方向；第二章介绍了膜下滴灌技术的内涵和大田膜下滴灌的特点；第三章介绍了水源工程与首部枢纽、输配水管网与滴灌带；第四章简述了新疆盐渍化土壤改良和膜下滴灌条件下土壤盐分分布与控制；第五章阐述了大田膜下滴灌增产机理，并对当前推广大田膜下滴灌地区提出了建议；第六章简明扼要地介绍了大田膜下滴灌设备、规划设计、施工安装和运行管理等基本知识；第七章简要介绍了与灌溉有关的土壤基本知识、张力计在滴灌灌溉中的应用及滴灌灌溉水管理；第八章解答了关于大田膜下滴灌技术的相关问题、关于大田膜下滴灌滴灌带和地膜使用的相关问题、关于大田膜下滴灌技术应用的相关问题及关于大田膜下滴灌技术与土壤盐渍化的相关问题；第九章介绍了棉花、加工番茄和玉米的膜下滴灌水肥管理。

本书由张志新研究员执笔，其出版得到了新疆维吾尔自治区产品质量监督检验研究院、新疆农业科学院土壤肥料与农业节水研究所、新疆天业（集团）有限公司等有关领导和同事的大力支持，同时得到中国水利水电出版社王志媛、刘巍等同志的大力支持，在此表示衷心的感谢。

由于作者水平有限，不足之处一定不少，恳望读者批评指正！

作者

2012年5月

目　录

前言

第一章 概 述

第一节 大田膜下滴灌的产生和发展

第二节 大田膜下滴灌的发展方向

膜下滴灌是在滴灌技术和覆膜种植技术基础上，使二者有机结合、扬长避短、相互补偿，形成的一种特别适用于机械化大田作物栽培的新型田间灌溉方法。大田膜下滴灌布管铺膜播种机田间作业见图 1－1。

图 1－1 布管、铺膜、播种一次作业完成

第一节 大田膜下滴灌的产生和发展

● 要点提示：新疆农业科学院等单位在新疆率先进行了大田作物覆膜栽培条件下的滴灌试验；棉花膜下滴灌从试验到实践在新疆生产建设兵团（以下简称兵团）产生；棉花膜下滴灌在新疆得以大面积推广应用的关键因素是新疆天业（集团）有限公司（以下简称“天业”）开发出了低价位一次性滴灌带。

一、新疆农业科学院等单位在新疆率先进行了大田作物覆膜栽培条件下的滴灌试验

1983～1984 年，新疆农业科学院土壤肥料研究所引进美国 Chapin 公司生产的滴灌带，在哈密市大泉湾乡农民徐俊承包的地里进行了大田甜瓜覆膜栽培条件下的滴灌试验（图 1－2），这是新疆最早的大田覆膜栽培条件下的滴灌试验，取得了显著效果，所生产的甜瓜品质好、含糖量高，在新疆哈密市引起抢购。当年，中央领导到新疆视察工作到哈密市，派他的秘书专程到徐俊家进行了访问。1985 年又在新疆农业科学院玛纳斯试验场 10hm^2 玉米种子田上进行了大田覆膜栽培条件下的滴灌试验（图 1－3），由玛纳斯县农机站对小四轮进行了改装，播种、铺设滴灌带和铺膜压膜一次完成，也获得了成功。1996 年，新疆石油管理局在克拉玛依搞节水灌溉试验并进行招标，新疆水利水电科学研究所一举中标，在克拉玛依市郊农场一块 3hm^2 的条田上采用以色列普拉斯托公司（PLASTO）和北京绿源塑料有限责任公司生产的滴灌带进行了饲料玉米覆膜栽培条件下的滴灌试验，由兵团 136 团对播种机进行了改装，播种、铺设滴灌带和铺膜压膜一次完成，也获得了成功。以上试验虽然均获成功，但都因滴灌带价格较高而没有得到大面积推广应用。

图 1－2 徐俊一家在田里铺设滴灌带和地膜

图 1－3 1985 年新疆农业科学院玛纳斯试验场 10hm^2 制种玉米大田覆膜栽培条件下的滴灌试验

二、棉花膜下滴灌从试验到实践中在兵团产生

1996年兵团农八师在121团1.67hm^2弃耕的次生盐渍化土（总含盐量8‰）上进行棉花膜下滴灌试验，结果令人鼓舞，棉花生育期净灌溉定额2700m^3/hm^2，比地面灌节水50%以上，单产皮棉1335kg/hm^2，是盐碱地上从未有过的产量，初试一举成功。1997年农八师扩大试验范围，选择石河子市城郊的石河子总场（15hm^2）、距离古尔班通古特沙漠最近的149团（14.6hm^2）和距离克拉玛依较近的121团（8.2hm^2）等3个点共计37.8hm^2进行试验，这些试验地大部分是次生盐渍化、土壤结构差、养分低的中、低产田。试验结果，平均省水50%，平均增产20%，其中低产田增产达35%，而且还可省肥、省农药、省机力、省人工，增效节支效果明显。1998年农八师扩大试验规模，在不同地点的5个团场85.8hm^2棉花地和13.3hm^2番茄地上，开展了膜下滴灌技术结合生产的应用性中试。棉田试验结果进一步验证了前两年的试验成果。通过试验，初步了解和掌握了滴灌棉田的灌溉制度及相匹配的农业高产栽培技术，滴灌带铺设与播种铺膜同机联合作业，以及滴灌工程的设计、施工和运行管理的要求等。在151团进行的13.3hm^2膜下滴灌栽培加工番茄试验，除节水50%外，单位面积产量达100.5t/hm^2，为参照田的3.2倍。

连续3年的试验，为大规模推广应用大田膜下滴灌技术奠定了基础。大田膜下滴灌技术以其明显的节水增效优势吸引着千家万户，并引起兵团和农八师领导的高度重视。图1-4为本书主编张志新与兵团大田膜下滴灌创新核心成员吴磊深入农场调研及与兵团大田膜下滴灌创新核心成员原121团副团长吴恩忍在成功实施膜下滴灌的重盐碱地上合影。

图1-4　张志新与吴磊深入农场调研及与吴恩忍合影

三、棉花膜下滴灌在新疆得以大面积推广应用的关键因素

滴灌带是大田滴灌系统的核心设备，大田滴灌系统中滴灌带的用量较大，滴灌带昂贵的市场价格是制约大田作物滴灌大面积推广应用的关键因素，它是新疆大田

膜下滴灌试验成功后“束之高阁”几十年的最根本原因。

兵团党委、农八师领导坚决贯彻“把节水灌溉当做一项革命性措施来抓”的指示精神，专门安排节水灌溉技术攻关研究，1997年为“天业”拨付专项资金300万元，通过对国内外诸多滴灌设备厂家和滴灌产品进行考察、调研，决定在吸收国内外先进技术基础上，开发价格低廉的实用性滴灌带。

1998年下半年，“天业”在引进国外技术基础上生产出第一代“天业牌”（原称“长运牌”）单侧边缝迷宫式薄壁滴灌带，并在121团水管站进行绿肥滴灌试验，取得可喜成果。“天业牌”滴灌带市场供货价0.3元/m，使棉花膜下滴灌的单位面积投入从16020元/hm^2下降到8250元/hm^2，几乎降低一半。2000年，第二代“天业牌”滴灌带新疆市场供货价0.2元/m，使棉花膜下滴灌单位面积投入下降到6750元/hm^2。2001年以后“天业牌”滴灌带的市场价格继续降低，目前生产的第三代“天业牌”滴灌带“以旧换新”新疆市场供货价仅0.15元/m。这样的投入农户在种植产值较高的棉花时可以承受得起，尤其在中低产田上，在常规地面灌难获高产的盐碱地上更加有利可图。“天业”滴灌带以其最低的市场价格和实用性独树一帜，立即受到广大农户的欢迎，为滴灌技术在大田作物上大规模地推广应用创造了最基本的条件，并由此而引发了兵团农业生产向现代化农业的重大迈进。

目前膜下滴灌技术除新疆大面积推广外，还辐射推广到20多个省（自治区、直辖市），除在棉花大面积应用外，还应用在番茄、玉米、大麦、小麦、辣椒等30余种作物上。西北地区的内蒙古、陕西、甘肃、青海、宁夏的自然状况、农业生产条件和特点与新疆相类似，东北地区的黑龙江大庆、齐齐哈尔，辽宁朝阳、阜新，吉林松原、白城、长春、四平等地，水资源短缺且春旱严重，因此，膜下滴灌技术也适合在这些地方推广应用。这些年，兵团“天业”在内蒙古阿善盟左旗、宁夏银川市林业研究所、甘肃定西县和陕西延安等地进行了膜下滴灌技术种植果林、蔬菜、棉花等作物的试验性推广应用，很受农民群众欢迎。在东北地区，膜下滴灌技术得到迅速发展，到2008年，玉米膜下滴灌面积已达5.9万hm^2。在南方季节性干旱的地区，膜下滴灌也有应用，如甘蔗膜下滴灌、香蕉滴灌等。这些都说明这项技术推广应用有着广阔的前景。同时，膜下滴灌技术已成功走出国门，推广到塔吉克斯坦、哈萨克斯坦、巴基斯坦、津巴布韦等10多个国家。

第二节 大田膜下滴灌的发展方向

● 要点提示：我国目前的大田膜下滴灌技术和设备开发尚处初级阶段，改进提高潜力巨大。将来的大田膜下滴灌系统应该是：地表或地表浅层仅有滴灌带，输配水管网及其配件全部埋入地下一定深度，田面上无任何设施，全部设置在交通道旁边且实现全自动化管理。

一、滴灌带创新开发

滴灌带是大田膜下滴灌最为核心的部件，它关系着大田膜下滴灌的系统规划设计、施工安装和运行管理，是影响膜下滴灌系统工程造价和管理是否方便的关键因素；目前大田膜下滴灌所使用的滴灌带主要是边缝式滴灌带，虽然造价低，但铺设长度较短，与支管连接处易漏水；内镶贴片式滴灌带造价较高，对水流的阻力较大，铺设长度也短。

灌水器间距一定情况下，影响滴灌带铺设长度的主要因素是灌水器流量和滴灌带内径。

灌水器流量越大滴灌带铺设长度越短；灌水器流量越小滴灌带铺设长度越长。显然，在可能情况下灌水器流量越小越好。“天业”采用小流量滴灌带在旱播水稻栽培中进行了膜下滴灌试验，取得了成功（图1-5）。在满足制造偏差精度要求下，灌水器流量越小对滴灌带材质和加工工艺要求越高，其制造难度越大。

图1-5 “天业”滴灌水稻

相同流量情况下，滴灌带口径越大，满足均匀度的滴灌带铺设长度越长；反之，滴灌带口径越小，满足均匀度的滴灌带铺设长度越短。目前所使用的滴灌带基本上都是16mm内径，应参照国际标准增加更大内径的滴灌带类别，形成系列。

一次性滴灌带使用时间段仅3～5个月，只要能保证在这个时间段滴灌带能正常使用并在拉伸强度上满足机械铺设和不影响滴灌带用后回收即可。

因此，首先应创新开发出造价低、性能更好、铺设长度更长的一次性滴灌带并形成不同管径规格系列。

二、支管入地

目前大田膜下滴灌大多采用薄壁PE管铺设于地表。地表支管的主要缺点是：日晒风吹老化，用后回收保管难度大、易损坏，影响机械田间作业。

支管入地的难度在于每年滴灌带铺设后的与支管连接问题。由于滴灌带铺设长度较短、支管较多，连接量非常大。如果支管埋入地下，则必须采用引管，引管是多年使用的，大量引管伸出地面势必影响田面的机械耕播作业，是不可行的。

支管入地的前提条件是滴灌带铺设长度要足够长，最好是条田中间不设或仅设一两条支管。如果滴灌带铺设长度能达250m，长度1000m的条田即可实现上述条件。支管入地的最大好处是可采用价格相对低廉的PVC—U管（图1-6），质量好的PVC—U管埋入地下可使用30～50年。支管入地将彻底解决目前地表支管每年的拆卸、保管、安装、易损、老化和影响机械田间作业等问题。

当然，在规划设计这样的大田膜下滴灌系统时应进行技术经济分析。对投资相对较少、运行费用较低、管理方便三者进行权衡，作出科学决策。

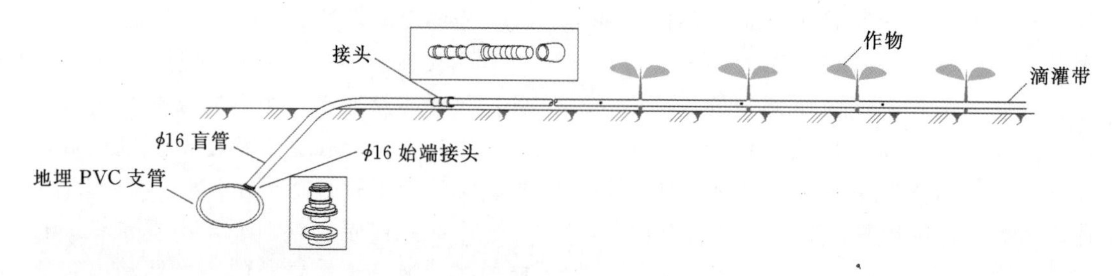

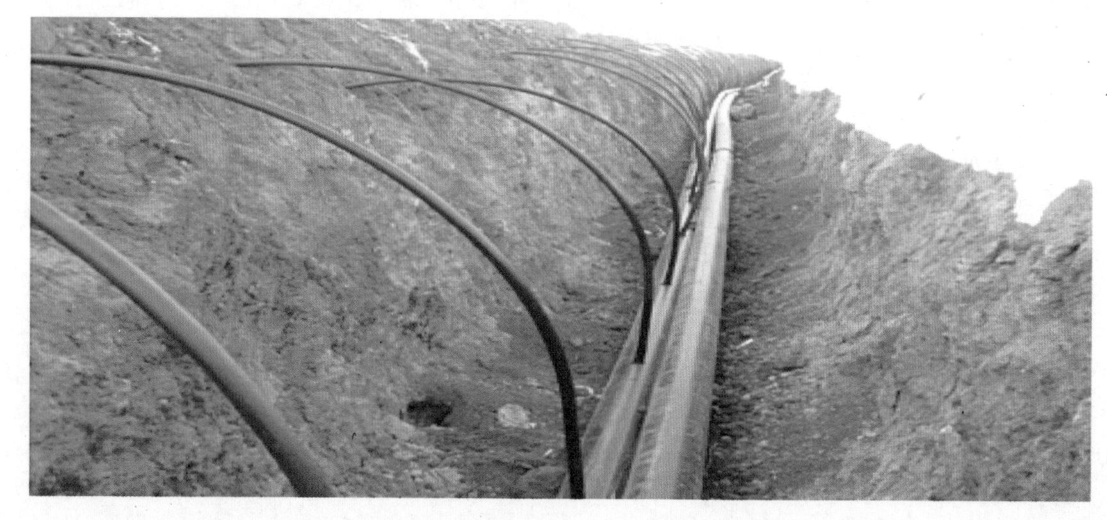

图 1-6　地埋支管示意图

第二章　大田膜下滴灌技术原理与特点

第一节　膜下滴灌技术的内涵

第二节　大田膜下滴灌的特点

将滴灌系统的末级管道和灌水器的复合体——滴灌带，通过改装后的播种机，在拖拉机的牵引下，布管、铺膜与播种一次复合作业完成，然后按与常规滴灌系统同样的方法将滴灌带与滴灌系统的支管相连接。灌溉时，有压水（必要时连同可溶性化肥或农药）通过滴灌带上的灌水器变成细小的水滴，根据作物的需要，适时适量地向作物根系范围内局部地供应水分和养分，这是目前世界上最为先进的灌水方法之一，为农业生产全程机械化提供了技术平台，见图 2－1。

图 2－1　膜下滴灌给大田作物生产方式带来全新变化

第一节　膜下滴灌技术的内涵

● 要点提示：在膜下滴灌技术中，覆膜栽培和滴灌技术缺一不可，灌水器采用一次性滴灌带（仅使用一个灌溉季节），布管、铺膜与播种一次复合作业完成，特别适用于机械化大田作物栽培。

一、覆膜和滴灌两者缺一不可

膜下滴灌是覆膜栽培技术和滴灌技术的有机结合，二者相互补偿，扬长避短，缺一不可。它有效地解决了常规覆膜栽培时生育期无法追施肥料而产生的早衰问题，大大减轻了常规地面灌溉地膜与地表粘连揭膜难造成的土壤污染问题；滴灌带上覆膜，大大减少湿润土体表面的蒸发，降低灌溉水的无效消耗，使滴灌灌水定额进一步降低。

二、采用性能符合要求、价格低廉的一次性滴灌带

膜下滴灌技术的关键，必须有性能符合要求、价格低廉的滴灌带。对于规模化大田农业而言，“一次性”的优势在于：价格低、堵塞几率小、避免了多次使用滴灌带的老化问题和难度极大的保管和重新铺设问题。

三、布管、铺膜与播种一次复合作业完成，特别适用于机械化大田作物栽培

滴灌带田间铺设由“大田膜下滴灌覆膜、播种、铺带联合作业机”完成，该机由以下几部分组成：机架部分、滴灌带铺设装置、铺膜装置、播种装置、镇压整形装置和覆土装置。作业时，一次完成膜床整形→铺管→铺膜→膜边覆土→膜上点播→膜孔覆土→镇压等多项工序（图 2－2）。

党的十七届三中全会明确了现代农业的“五三三”内涵：即五项基本要求（优质、高产、高效、生态、安全），提高“三率”（土地产出率、资源利用率、劳动生产率），增强“三力”（市场竞争能力、抗风险能力、可持续发展能力）。以膜下滴灌为基础的现代灌溉系统工程是节水高效现代农业的先导性、基础性工程。

大田膜下滴灌作物已从棉花、番茄、玉米、蔬菜、瓜类等宽行作物向小麦、水稻等密植喜水作物上发展，取得了非常显著的效果。该技术已推广到东北三省、内蒙古等 10 多个省（自治区），也在以每年 10 多万 hm^2 的速度在发展；该技术已推广到中亚、巴基斯坦、非洲、美洲等多个国家和地区。在不久的将来，该技术一定会在全世界其他干旱地区广泛推广应用。毫不夸张地说，它将是我国对世界干旱地区现代灌溉农业的重大贡献。

第二节　大田膜下滴灌的特点

● 要点提示：膜下滴灌技术具有局部灌溉、可勤浇浅灌、低压灌溉能耗低等浇水特点，还具有节水节肥、增产增效、抑制次生盐碱等优点。

一、大田膜下滴灌技术的浇水特点

1. 局部灌溉

应用大田滴灌技术浇水，沿滴灌带形成湿润带，只部分地润湿土壤，作物行间保持干燥。与地面灌和喷灌不同，滴灌时，

当水滴离开滴头进入土壤后，除了在重力作用下水分垂直向下运动、逐渐湿润深处的土壤外，而且在土壤张力和土壤的基质势作用下作水平运动向四周扩散，逐渐润湿滴头所在位置附近的土壤（图2-3）。视土壤质地的不同沿滴灌带铺设方向形成一个不同宽度的湿润带。一般情况下，轻质土（如沙土）湿润带深而窄；重质土（如黏土）湿润带浅而宽。

土壤湿润比（湿润土体所占比例）取决于滴灌带布设间距和土壤质地。一般情况下，滴灌带布设间距越密、土壤质地越重、一次灌水时间越长，其湿润比越大。滴灌在不同质地土壤上，其土体的湿润形状不同，黏土宽而浅，砂土窄而深，壤土介于二者之间（图2-4）。滴灌带上的滴头间距一般30～40cm，最终形成一个湿润带。显然，黏土上应选用滴头间距较大的滴灌带；砂土上应选用滴头间距较小滴灌带。一次灌水时间越长，其湿润深度越大。

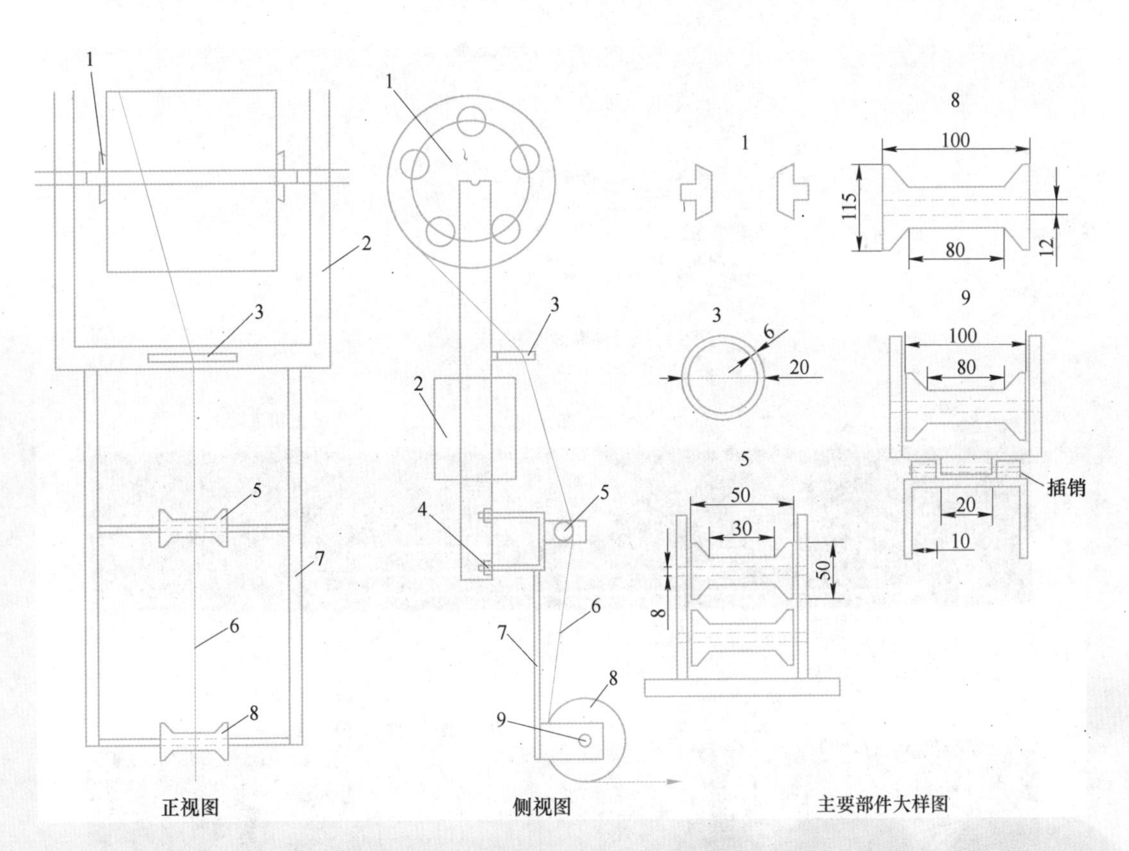

图2-2 滴灌带田间铺设装置示意图（单位：cm）
1—轴承；2—带盘架；3—限位环；4—螺栓；5—导向轮；6—滴灌带；7—轮架；8—定位轮；9—联动轴

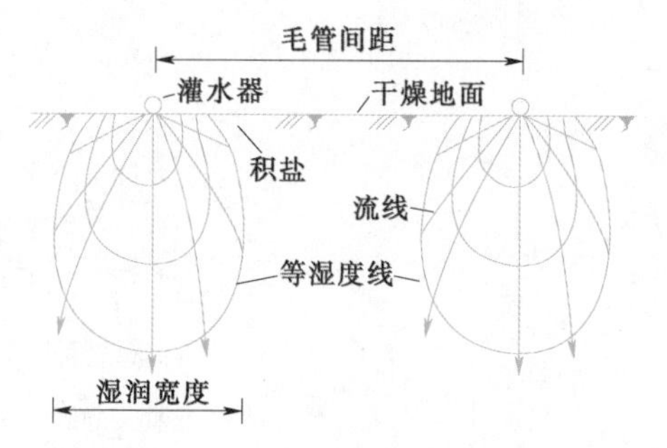

图 2-3　滴灌湿润范围示意图

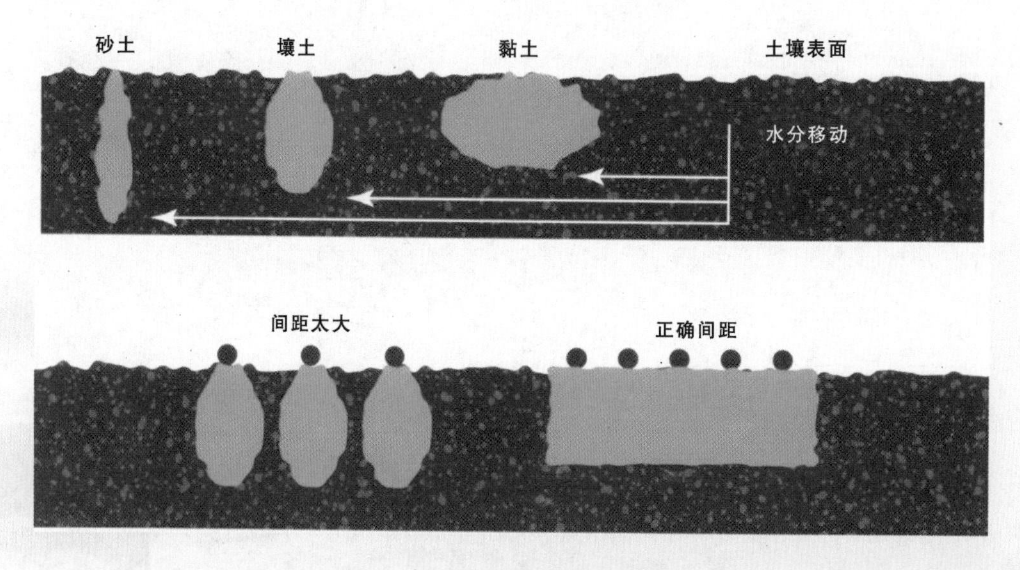

图 2-4　不同土壤滴灌湿润带示意图

2. 勤浇浅灌

缓慢地、经常不断地（一般每天或隔天灌一段时间，或根据作物需水情况由监测仪表发出指令随时补充水分）向作物根层供水，使作物主要根区土壤经常保持在最优含水量上下。频繁灌溉的基本特点是保持均衡而小的土壤水分张力（图 2-5），一般情况下土壤水分张力总是低于 10kPa。

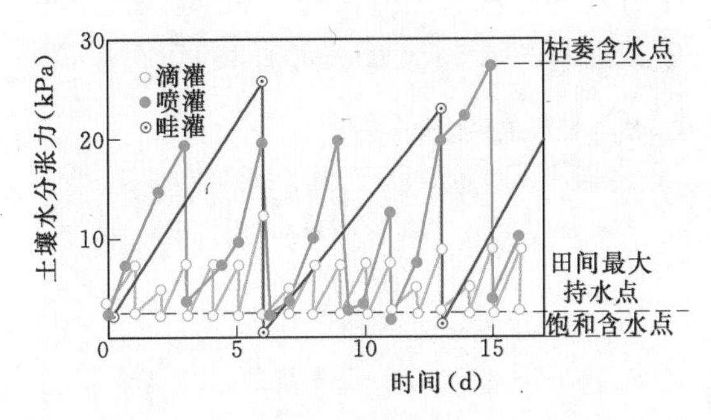

图 2-5 不同灌溉方法土壤水分张力示意图

滴灌形成的基质张力小，所以允许具有较高的含盐度或较大的渗透张力，不影响正常的栽培活动。

3. 低压灌溉

低压管路输水、配水，运行压力低。膜下滴灌的滴灌带需要的工作压力较低，视田间土地平整程度一般控制在 50～80kPa 之间（5～8m 水头），工作压力低意味着耗能低，运行费用低。而喷灌系统喷头的运行压力，高压的要求 500～800kPa（50～80m 水头），中压的要求 300～500kPa（30～50m 水头），低压的要求 200kPa（20m 水头），见图 2-6。

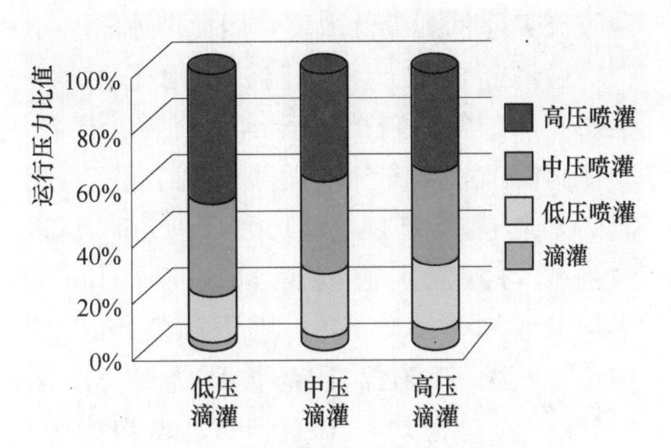

图 2-6 不同灌溉方式运行压力对比

二、大田膜下滴灌的主要优点

大田膜下滴灌技术是促进农业向规模化、机械化、自动化、精准化方向发展的关键技术措施，是实现干旱区大田作物农业现代化的必由之路。大田膜下滴灌是新疆人创造的新奇迹，它引领了干旱区大田作物栽培的一次革命性变革。革命性变革的突出表现是它成为干旱半干旱地区现代化农业的技术平台：精准（精准播种、精准灌水、精准施肥等）、高效（劳动效率高、增产幅度大）、节约（节水、节能、节地、节肥等）、环保（环境友好、盐渍土改良利用等）、易控（机械化、自动化、集约化）。

大田膜下滴灌促成了我国滴灌产业链的发展壮大。大田膜下滴灌特别是浅埋式大田膜下滴灌具有地下滴灌的诸多优点：如避免或减少无效蒸发、有利机械作业、节省用工等；而避免了地下滴灌的一系列缺点：如堵塞、灌水均匀性不易控制、不利于作物种子发芽和苗期生长、毛管铺设行与作物播种行错位、盐碱积累和返盐、运行管理要求高、造价高等问题。

1. 节水、节肥、节农药、节地

大田膜下滴灌湿润土体由地膜覆盖，作物行间保持干燥，灌水均匀，同时又没有输水损失，能把棵间蒸发、深层渗漏和地表流失降低到最低限度，因此节水。

通过新疆农垦科学院、石河子大学、兵团农八师等单位的试验示范资料，棉花膜下滴灌节水效果十分显著，棉花膜下滴灌的平均灌溉定额为 3160.4m³/hm²，较沟灌平均灌溉定额减少 3517.5m³/hm²，平均节水率为 53.96%。膜下滴灌水产比（1m³ 水生产籽棉千克数）为 1.32～1.83kg/m³，平均 1.61kg/m³，较沟灌平均增加 0.99kg/m³，水产比提高 159.7%。棉花膜下滴灌水效益平均为 5.64 元，较沟灌平均水效益提高 158.7%。

表 2-1 为兵团农八师几个团场棉花种植大面积采用膜下滴灌与常规灌溉的节水与增产效果对比。从节水效果来看，与常规灌溉相比，膜下滴灌节水率能达到 42%，水产比为 0.85kg/m³，比常规灌溉的 0.45kg/m³ 高 0.4kg/m³，水效益（即单方水所创造的产值）为 2.88 元/m³，比常规灌溉的 1.55 元/m³ 高 1.33 元/m³。

表 2-1　棉花膜下滴灌与常规灌溉的节水与增产效果比较

地点	灌溉方式	灌溉定额 (m³/hm²)	节水率 (%)	产量 (kg/hm²)	增产 (kg/hm²)	增产率 (%)	水产比 (kg/m³)	水效益 (元/m³)
121 团	常规灌溉	—	—	—	—	—	—	—
	膜下滴灌	5370	—	3750	—	—	0.7	2.27
133 团	常规灌溉	8040		4005			0.5	1.69
	膜下滴灌	6420	20	4500	510	13	0.7	2.38
142 团	常规灌溉	9495	—	3330.75	—	—	0.35	1.19
	膜下滴灌	3750	60	3713.25	382.5	11	0.99	3.37
143 团	常规灌溉	7170	—	3892.2	—	—	0.54	1.85
	膜下滴灌	3960	45	4546.5	654.3	16.81	1.15	3.9
平均	常规灌溉	8235	—	3742.65	—	—	0.45	1.55
	膜下滴灌	4875	42	4127.4	384.75	10.28	0.85	2.88

注　由于 121 团已全部采用膜下滴灌技术，故无常规灌溉数据。

大田膜下滴灌可将水溶性肥料和农药随滴灌水流直接送达作物根系部位，肥料可以少施勤施，便于作物吸收，同时减少了由于淋溶、杂草生长和流失渗漏造成的肥料损失。因此，施肥、施药和化控均匀度以及肥、药利用率都比常规灌溉要高，平均可节约肥料 20%，有的达 40%以上；可节省农药 10%以上，杀虫效果好，不易伤及害虫天敌。

大田膜下滴灌系统由埋入地下或铺设于地表的输水管道代替原来占地的农渠及毛渠，因此，一般可省地 5%～7%。

2. 保土、保肥、增温、调温

大田膜下滴灌可有效避免土肥流失，其保土、保肥作用在大坡度地区更加显著。据测定，常规沟灌在地面坡度为 8‰ 的中壤土田块上，灌水沟长度为 100m 时，沟尾流出的每升水中的泥沙含量为12.4g，灌水沟上游冲深可达8～15cm，冲宽15～30cm，不仅增大了输水断面，也破坏了土壤团粒结构，影响作物根系的正常生长；当地面坡度为6.5‰时，沟灌土壤中速效氮含量灌后比灌前减少24.4mg/kg。

膜下滴灌由封闭管网输水，通过滴灌带上的灌水器直接将水肥输送到作物根部附近土壤中，可水、肥同步，不会产生任何土、肥流失现象。

大田膜下滴灌可采用干播湿出，不用进行冬灌，播种时土壤水分含量低，地温回升快，苗期具有明显的增温作用。据新疆农垦科学院对棉花膜下滴灌地和覆膜沟灌地播种后连续30d膜下5cm地温测定，滴灌地较沟灌地平均每天高0.90～0.92℃，30d积温高27.0～27.6℃，对棉花苗期的生长十分有利。

6月下旬以后，地膜覆盖棉田的地温迅速上升，中午膜内表土温度达40℃以上，对棉花生长发育不利，此时正是棉花需水较多的时期，设计、管理较好的膜下滴灌系统一般采用高频灌溉，能有效地调节膜下地表温度，为棉花中后期生长创造良好的地温环境。

3. 节省人工和机力，降低生产成本，提高劳动生产率

滴灌标志着传统的地面灌水技术走向管道化和有压输水，使农工从繁重的地面灌作业中得到解放，为灌溉自动化开辟了道路。棉花膜下滴灌布管、铺膜、膜上点播由改装的播种机一次完成，通过管网系统随水施肥、施药，无需修渠、打埂、平埂、人工浇地、中耕松土、锄草、人工或机械施肥等，省去了开沟、修渠、打埂、追肥、中耕、除草的机力和人工及作业费，降低了生产成本，使棉田的人工管理定额大幅度提高。同时，灌溉时不妨碍其他任何农事活动。因此，劳动生产率得到显著提高。根据新疆农垦科学院和农八师有关团场的调查资料，棉花膜下滴灌降低生产成本967.5元/hm^2。表2-2为兵团农八师团场棉花膜下滴灌与常规灌溉投入情况对比。

常规灌溉种植棉花，一个劳动力最多只能管理2hm^2，而膜下滴灌棉花，一个劳动力可管理6～8hm^2，提高3～4倍。若灌溉水源为井水，单井的规模效益也将大大提高，常规灌溉情况下，出水量80m^3/h的机井，每口井只能承担20.00～26.67hm^2的棉花用水，而膜下滴灌同一口井可满足46.67～53.33hm^2的棉花用水。

因此，棉花膜下滴灌技术有利于发挥规模经营效益，有效缓解农场普遍存在的地多人少的矛盾，使职工增收，企业增效。例如：农八师121团王新归家庭农场，2000年采用膜下滴灌植棉技术后，承包面积由上年的43.33hm^2增加到63.33hm^2，单产籽棉由上年的4185kg/hm^2提高到5055kg/hm^2，每公顷效益由上年的5616元提高到7512元，年总收入47.6万元，比上年增加23.3万元。该团张合全家庭农场，2000年采用膜下滴灌植棉技术后，承包面积由上年的18hm^2增加到36hm^2，单产籽棉由上年的3090kg/hm^2提高到4269kg/hm^2，每公顷效益由上年的2520元提高到5427元，年总收入19.5万元，比上年增加15万元。

表 2-2　棉花膜下滴灌与常规灌溉投入情况

单位：元/hm²

项目 \ 灌溉方式	常规灌溉				膜下滴灌							
					未折旧						折旧后 (3)	比常规增减 (3)－(1)
	133 团	142 团	143 团	平均 (1)	121 团	133 团	142 团	143 团	平均 (2)	比常规增减 (2)－(1)		
一、滴灌设备费用					4500	5001.3	4631.4	5781.75	4978.65	4978.65	1190.1	1190.1
1. 首部及干支管等					3000	3445.2	3086.55	3461.25	3248.25	3248.25	324.9	324.9
2. 毛管					1500	1556.1	1544.85	2320.5	1730.4	1730.4	865.2	865.2
二、生产成本费用	10486.5	11238.9	10941.9	10889.1	9103.5	10090.5	10355.55	10136.4	9921.6	－967.5	9921.6	－967.5
1. 种子	157.5	807.6	306	423.75	270	157.5	563.1	306	324.15	－99.6	324.15	－99.6
2. 地膜	375	405.3	374.4	384.9	328.5	375	433.65	374.4	377.85	－7.05	377.85	－7.05
3. 肥料	1575	1701.15	943.5	1406.55	900	1575	1807.05	825	1276.8	－129.75	1276.8	－129.75
4. 农药	243	160.95	320.25	241.35	150	243	181.95	320.25	223.8	－17.55	223.8	－17.55
5. 水费	1125	1329.6	1005	1153.2	750	900	525	555	682.5	－470.7	682.5	－470.7
6. 机力费	1350	1047.15	900	1099.05	630	1200	972.45	685.5	871.95	－227.1	871.95	－227.1
7. 人工费	930	705	919.65	851.55	750	600	733.5	504.6	647.1	－204.45	647.1	－204.45
8. 往年费	0	256.95	537.75	264.9	0	0	256.95	537.75	198.75	－66.15	198.75	－66.15
9. 摘花费	2403	1588.2	2335.35	2108.85	2250	2700	1779.9	2727.9	2364.45	255.6	2364.45	255.6
10. 运费	78	60	0	46.05	75	90	75	0	60	13.95	60	13.95
11. 利费	2250	3177	3300	2908.95	3000	2250	3027	3300	2894.25	－14.7	2894.25	－14.7
合　计	10486.5	11238.9	10941.9	10889.1	13603.5	15091.8	14986.95	15918.15	14900.1	4011	11111.7	222.6

注　1. 由于 121 团已全部采用膜下滴灌，故无常规灌溉数据。
2. 当年投入为未折旧投入；年均投入为折旧后投入。
3. 首部及干支管等为 10 年折旧，毛管为 2 年折旧。摘花费以 2003 年价格 0.6 元/kg 计。

表 2-3　棉花膜下滴灌与常规灌溉单位面积产出情况

项目 \ 灌溉方式	常规灌溉				膜下滴灌							
	投入 (元/hm²)	产量 (kg/hm²)	产值 (元/hm²)	收益 (元/hm²)	投入（元/hm²）		产量 (kg/hm²)	产值 (元/hm²)	收益（元/hm²）		收益比常规灌溉增减（元/hm²）	
					未折旧	折旧后			未折旧	折旧后	未折旧	折旧后
121 团	—	—	—	—	13603.5	10153.5	3750	12750	－853.5	2596.5	—	—
133 团	10486.5	4005	13617	3130.5	15091.8	11213.1	4500	15300	208.2	4086.9	－2922.3	956.4
142 团	11238.9	3330.75	11324.55	85.65	14986.95	11436.75	3713.25	12625.05	－2361.9	1188.3	－2447.55	1102.65
143 团	10941.9	3892.2	13233.45	2291.55	15918.15	11642.85	4546.5	15458.1	－460.05	3815.25	－2751.6	1523.7
平均	10889.1	3742.65	12724.95	1835.85	14900.1	11111.7	4127.4	14033.25	－866.85	2921.55	－2702.7	1085.7

注　籽棉单价以 3.4 元/kg 计。

表 2-3 为兵团农八师团场棉花种植大面积采用膜下滴灌与常规灌溉产出情况对比，膜下滴灌比常规灌溉增产 384.75kg/hm²，增产率 10.28%；籽棉价格按 3.4 元/kg 计，常规灌溉和膜下滴灌产值平均分别为 12724.95 元/hm² 和 14033.25 元/hm²，膜下滴灌比常规灌溉产值增加 1308.5 元/hm²（图 2-7），收益增加 1085.7 元/hm²。

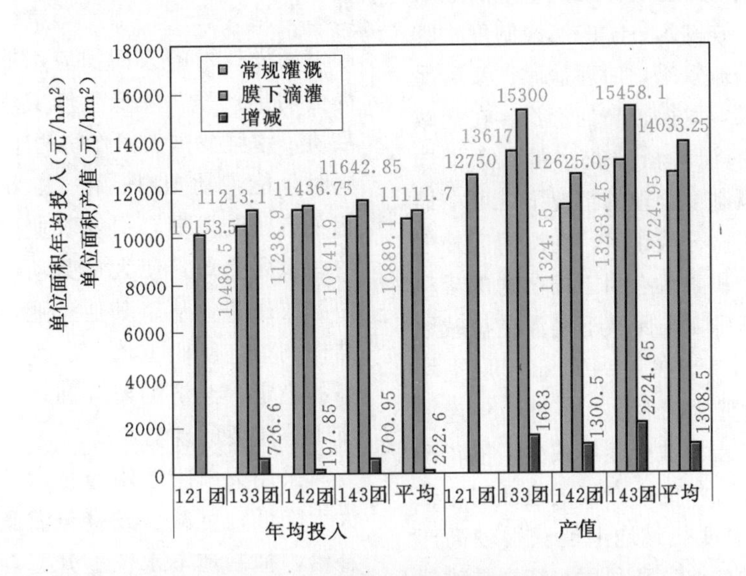

图 2-7 各团场棉花常规灌溉和膜下滴灌的单位面积年均投入（折旧后）和单位面积产值比较图

4. 提高产品品质，增加产量

膜下滴灌是一种可控性较强的局部灌溉技术，它以小流量均匀地、适时适量地向作物根系补充水肥，使作物根系活动区土壤水分经常维持在适宜的含水量水平和最佳营养水平。采用膜下滴灌，农药、化肥施用量减少，土壤污染减小；土壤水分运动主要借助于毛细管作用，不破坏团粒结构，土壤的透气性保温性良好，有利于土壤养分的活化。因此，膜下滴灌创造了有利于作物生长发育的水、肥、气、热环境，生长快，抗病能力强，污染小，同时改善了对病害的控制，病原体通过水流传播的机会很小，结果必然是产量高、品质好。

根据新疆生产建设兵团节水灌溉建设办公室调查，膜下滴灌棉田一般可增产 10%～20%，在低产田上膜下滴灌棉田可增产 25%以上。根据石河子地区 5 个团场 2773hm² 棉花膜下滴灌田 2000 年的调查资料，籽棉平均增产 858kg/hm²，增产率为 23.4%。根据新疆农垦科学院、石河子大学等单位的试验资料，膜下滴灌棉田较沟灌增产 18.4%～39.0%，平均增产率为 25.3%。

5. 防治盐碱，适应盐碱能力强

大田膜下滴灌不产生深层渗漏，能有效

避免地下水位上升，遏制土壤次生盐渍化的发生。同时由于地膜覆盖，棵间蒸发减少，能有效减轻地面返碱。在设计滴灌系统时，可根据滴灌条件下水盐的运移规律和不同土壤质地、土层结构合理选择滴灌带上的灌水器流量和间距，并制定科学的滴灌制度，既可达到较好的洗盐效果，治理盐碱，又可促使作物正常生长，取得较高的产量。在盐碱地上采用膜下滴灌种植棉花，在滴灌带选型、布设及灌溉制度合理的情况下，可在棉花根系周围形成盐分淡化区，在湿润区外围及膜间形成盐分积累区有利于棉苗的成活和生长。根据农八师121团膜下滴灌在盐碱地上的应用试验结果，在0～100cm土层平均含盐量2.2%的重盐碱地上，经过3年连续膜下滴灌植棉，土壤盐分逐年减少，棉花产量逐年提高。近几年的生产实践也证明，棉花膜下滴灌在中度盐碱地上能获得较高产量，这对盐碱地的改良和利用，特别是耕地紧缺地区意义重大。

6. 有较强的抗灾能力

因为大田膜下滴灌能使棉花根系层土壤始终保持最佳的水、肥、气、热状况，实测资料表明，膜下滴灌棉花的各类生长指标均较地面灌溉的棉花为优，因此，其抵御自然灾荒（如冻害、低温等）的能力较强。2001年北疆棉花花铃盛期，连续3d降雨气温骤降，造成棉花大幅度减产，而膜下滴灌棉田减产幅度普遍明显地低于常规灌溉棉田。

7. 综合效益显著

大田膜下滴灌具有节水、节肥、节农药、节地、省工、增产等诸多优点。大田膜下滴灌技术的大面积应用能大幅度地提高劳动生产率，降低生产成本，提高产品品质，增强我国大田作物的市场竞争能力。同时，能带动塑料、化工、机械、电子等相关产业的发展，引发农业生产技术方面的一系列变革，使大量劳动力从农业生产中解放出来，从事其他产业，有利于产业结构调整，使职工增收、企业增效，对边疆的稳定、经济的繁荣和社会的安定都具有十分重要的现实意义。

采用大田膜下滴灌技术后，灌溉定额大大降低，可减少或避免灌溉对地下水的补给，抑制地下水位上升，有效防治土壤次生盐渍化。大田膜下滴灌能有效地利用和改良重盐碱地，减轻化肥、农药对土壤和地下水的污染。大田膜下滴灌技术的大面积应用，可大量减少地表水的引用量和地下水的开采量，具有涵养水源，维护生态平衡，改善生态环境的功效。可利用所节约的水种植经济林或牧草，发展林、果、草、牧业，形成复合性农业生态系统，促进农业生产的良性循环和可持续发展，具有显著的经济效益和生态效益。

第三章 大田膜下滴灌系统及设备

典型的大田膜下滴灌系统由水源工程、首部控制枢纽、输配水管网和滴灌带4部分组成，见图3-1。

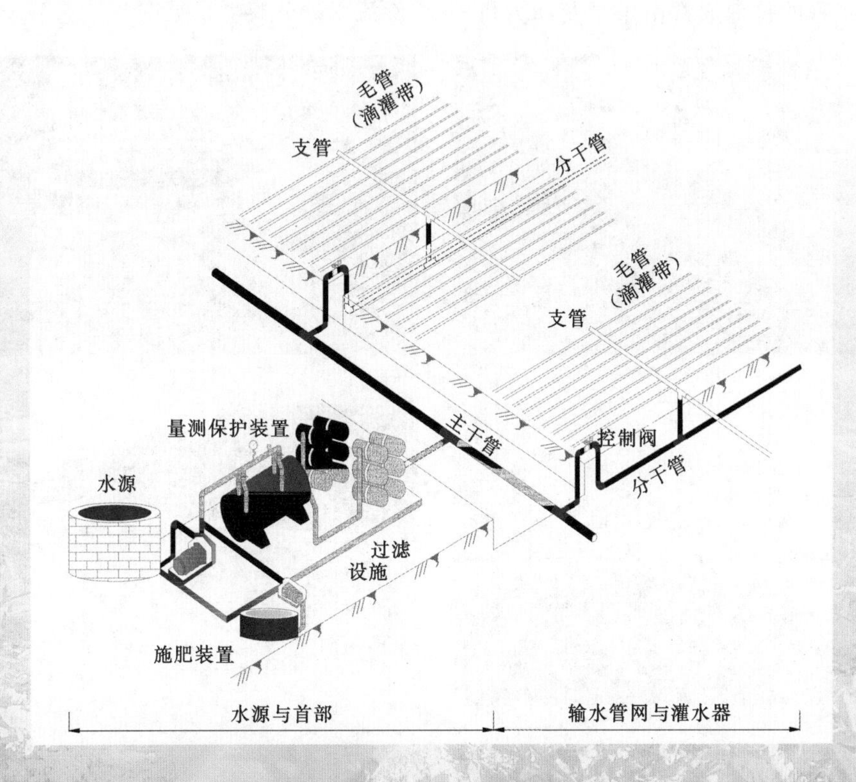

图3-1 滴灌系统示意图

第一节 水源工程与首部枢纽

● 要点提示：了解可用于大田膜下滴灌的水源类型，针对不同水源采用不同的首部过滤装置。

一、水源工程

河流、湖泊、水库、塘堰、沟渠、井泉等，只要水质符合滴灌要求，均可作为滴灌的水源。为了利用各种水源进行灌溉，往往需要修建引水、蓄水、提水工程，以及相应的输配电工程；当以含泥沙量较多的河渠为水源时，还应修建沉沙池工程等，这些通称为水源工程（图 3－2）。

二、首部控制枢纽

滴灌工程的首部通常由水泵及动力机、控制设备、施肥装置、水过滤装置、测量和保护设备等组成（图 3－3）。其作用是从水源抽水加压，施入肥料液，经过滤后按时按量送进管网。采用水池供水的小型系统，可直接向池中加施可溶性肥料省去施肥装置；如果直接取水于有压水源（水塔、压力给水管、高位水池等）则可省去水泵和动力机。首部枢纽是全系统的控制调度中心。

以地表水（河、渠、湖、塘、库等）为水源的滴灌系统因水中含有机杂质（动植物残渣碎屑、藻类等）一般采用砂石过滤器加叠片或网式过滤器（未经沉淀池沉淀处理的渠水、河水、塘坝水等水质中含有砂等杂质时，还需在砂石过滤器前增加旋流水砂分离器，见图 3－4）。

(a)

(b)

(c)

(d)

图 3－2 各种类型水源工程示意图

(a) 渠道；(b) 蓄水池；(c) 水库；(d) 沉淀池

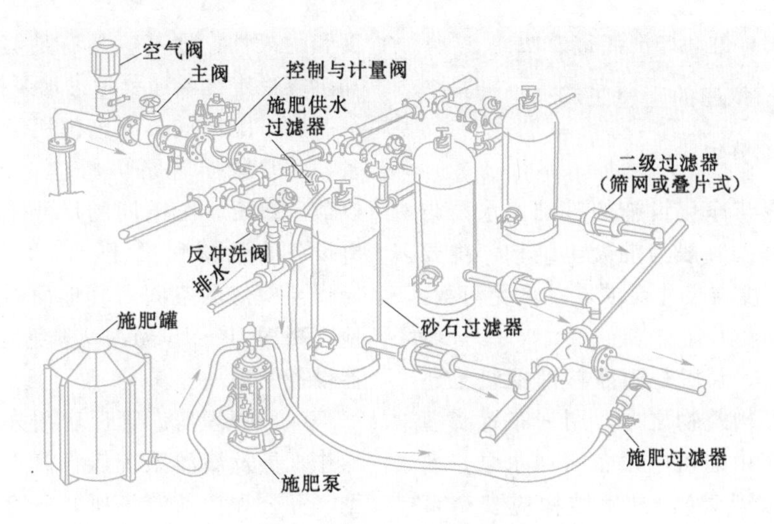

图 3-3　首部枢纽结构示意图

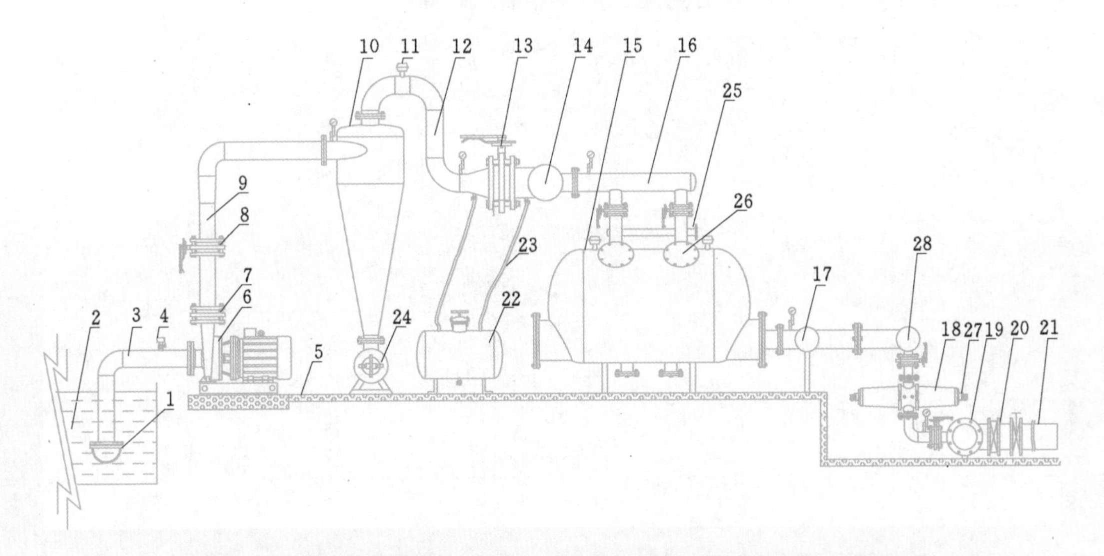

图 3-4　“旋流水砂分离器＋砂石过滤器＋叠片式过滤器”的配置模式示意图

1—底阀；2—沉淀池；3—水泵进水管；4—水泵注水口；5—基础；6—水泵—电机；7—软连接；8—水泵出口蝶阀；9—水泵出口连接管；10—旋流水砂分离器；11—排气阀；12—连接弯管；13—施肥专用阀；14—砂过滤器主进水管；15—卧式砂过滤器；16—砂过滤器进水分管；17—砂过滤器出水主管；18—叠片过滤器；19—叠片过滤器出水主管；20—水表；21—地下管连接钢管；22—施肥灌（卧式）；23—施肥软管；24—集砂罐；25—砂过滤器排污管；26—观察、维修孔；27—叠片过滤器排污口；28—叠片过滤器进水主管

以井水为水源的滴灌系统因水中通常均含有一定量的砂，一般采用旋流水砂分离器＋叠片式或网式过滤器（图 3-5）。

首部枢纽末级过滤器推荐采用叠片式过滤器的原因是：与网式过滤器比较优点很多。特别是安全可靠，完全避免因滤网破损失去作用；拆卸冲洗非常方便。

三、首部枢纽的土建工程

1. 土建部分组成

（1）水泵与净化设施的基础。水泵与净化设施的基础一般为混凝土结构，主要满足强度、刚度与尺寸要求，以承受何载，不发生沉陷和变形。

（2）泵房。泵房是滴灌首部枢纽土建工程中的重要构筑物之一，用来布置滴灌工程首部枢纽中的机电设备（如水泵、动力机和控制表盘等），泵房结构应安全可靠、耐久；泵房基础具有足够的强度、刚度和耐久性；地基应具有足够的承载能力和抗震稳定性，还要考虑水泵检修等因素。

（3）配电间。配电间用来布置配电设备，常常紧挨着泵房修建，离机组较近，以节省投资。配电间的尺寸主要取决于配电设备的数量和尺寸，以及必要的安装、操作与检修的空间；其地面高程高出泵房地面高程10～15cm，以避免地面集水使电器设备受潮。

（4）管理房。管理房用来为机电设备操作人员及滴灌系统运行管理人员提供值勤、办公和生活等场所，还可放置一些检修工具等。

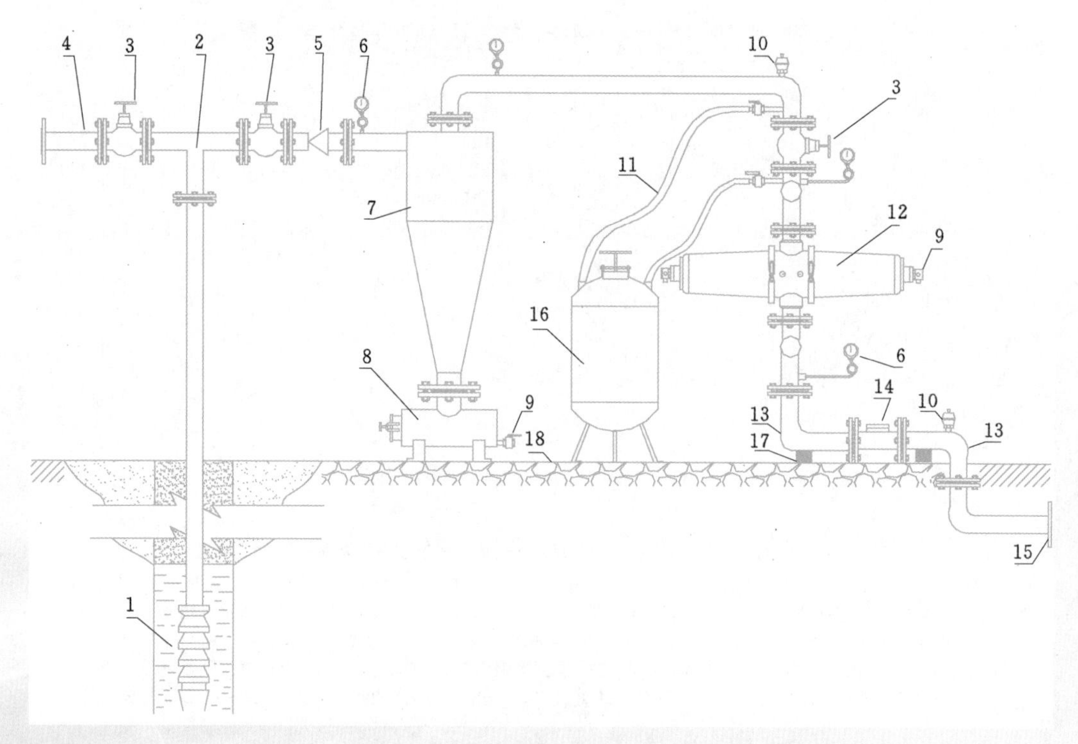

图3-5 “旋流水砂分离器＋叠片式过滤器”的配置模式示意图

1—潜水电泵；2—三通；3—闸阀；4—排水管；5—截止阀；6—压力表；7—水砂分离器；8—集砂罐；9—排污口；10—排气阀；11—施肥软管；12—叠片过滤器；13—弯管；14—水表；15—出水口；16—施肥罐（立式）；17—支撑墩；18—基础

2. 土建工程布设的注意事项

合理布设首部枢纽，对节约工程投资，发挥滴灌工程经济效益，延长机电设备使用寿命，保证系统安全经济运行等有着重要的作用，常见布置方式见图 3－6～图 3－9。在布设时注意以下几点。

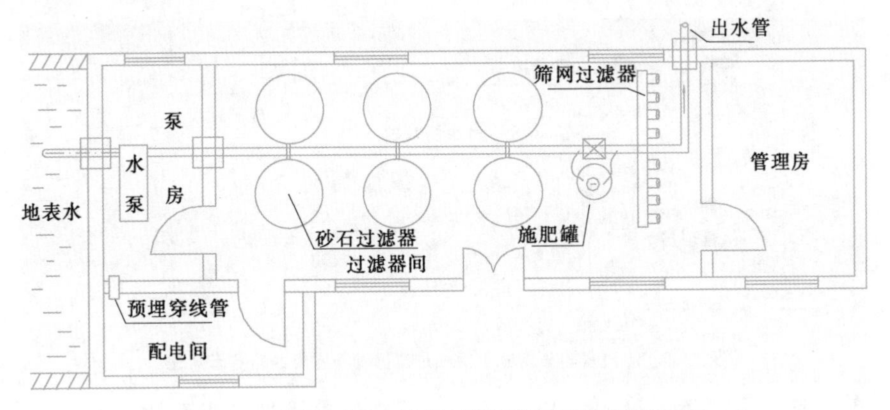

图 3－6　砂石过滤器＋网式过滤器置于室内的布置示意图

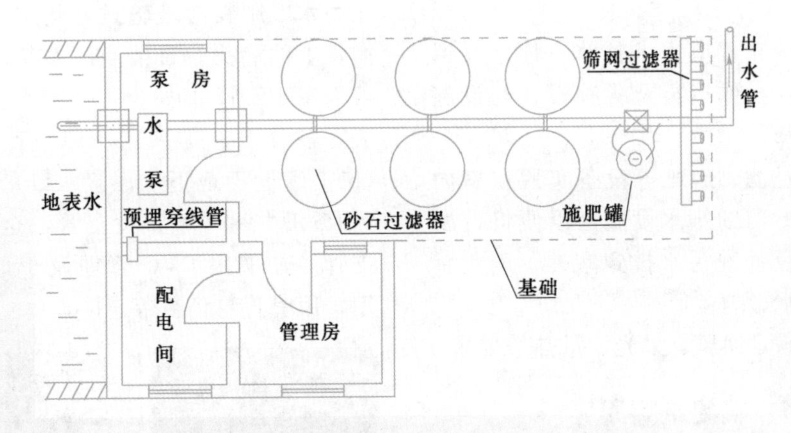

图 3－7　砂石过滤器＋网式过滤器置于室外的布置示意图

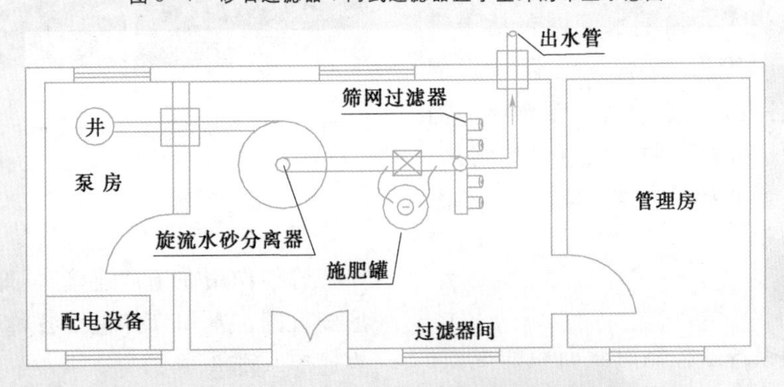

图 3－8　旋流水砂分离器＋网式过滤器置于室内的布置示意图

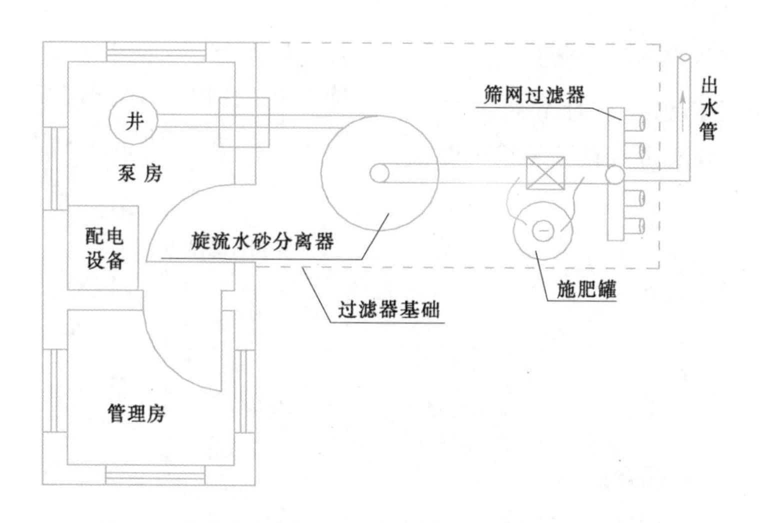

图 3-9 旋流水砂分离器+网式过滤器置于室外的布置示意图

(1) 布置应尽量紧凑、合理，以节约工程投资。

(2) 室内布置应力求整体有序，并留有通道，以便操作运行及各种设备与设施的安装和检修。

(3) 当过滤、施肥等设备布置在室内时，应布设专门的排水设施，以便将过滤器等设备的反冲洗污水排到室外，避免泵房内地面积水影响运行。

(4) 应满足通风、采光、散热等要求。

第二节 输配水管网

● 要点提示：输配水管网包括干管(含总干、分干等)、支管、毛管（滴灌带)，以及将各级管路连接为一个整体所需的管件和必要的控制、调节设备（如闸阀、减压阀、流量调节器、进排气阀等)，熟悉各部分结构与作用。

一、管网

根据滴灌系统所控制灌溉面积的规模，管网的等级划分也有所不同。其作用是将压力水或肥料溶液输送并均匀地分配到滴灌带上的滴头。目前滴灌系统管网支管一般采用 PE 管［图 3-10 (a)］铺设于地表，各级干管均采用 PVC 管［图 3-10 (b)］埋设于地下（图 3-11)。条件允许(如条田中间可不布设支管，全部在地边)支管最好采用 PVC 管埋设于地下长期使用，用引管与滴灌带连接。

(a)

(b)

图 3-10 膜下滴灌工程中常用的 PVC 管和 PE 管
(a) PE 管；(b) PVC 管

二、连接管件

管件作用在于“连接”，即将管道连通形成管网。常用管件包括各种三通、弯头、直通等（图 3-12)。

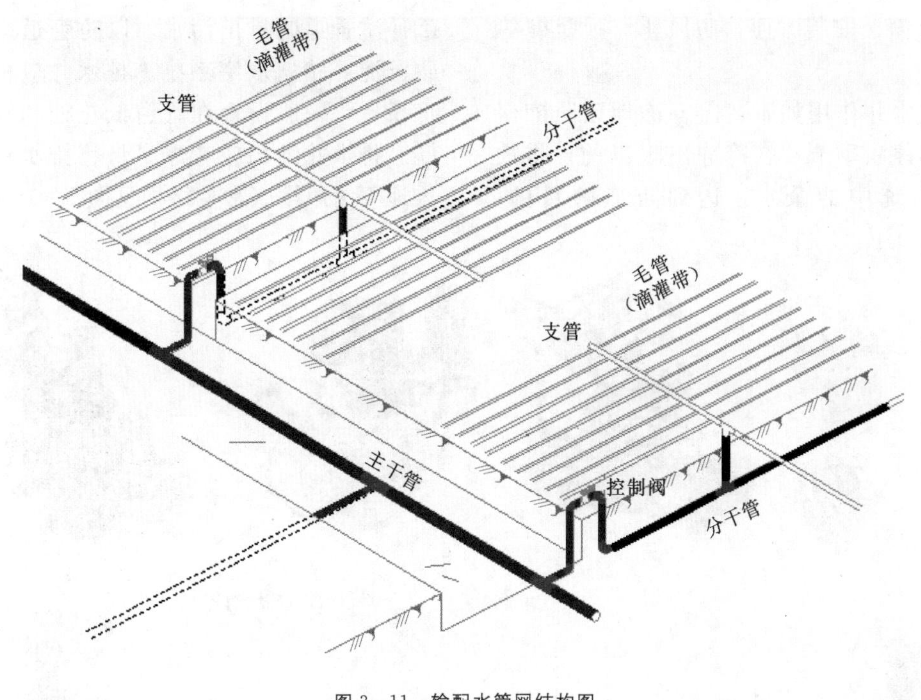

图 3-11　输配水管网结构图

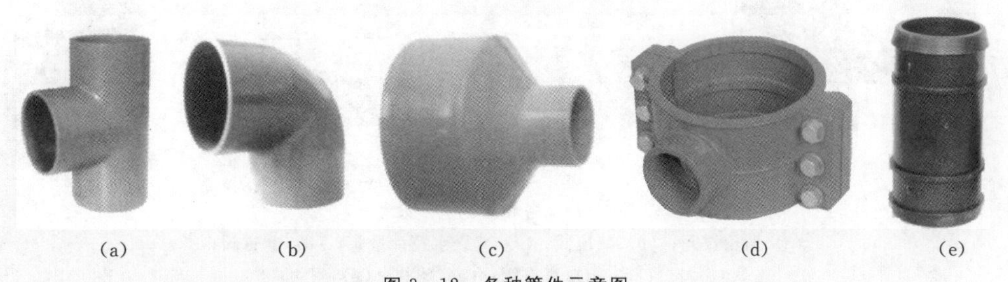

图 3-12　各种管件示意图

(a) 三通；(b) 弯头；(c) 变径直通；(d) 增接口；(e) 承插等径直通

三、控制调节设备

控制设备包括各种阀门，如蝶阀、减压阀（压力调节阀）、减压水控计量阀（具有计量功能的压力调节阀）、电磁阀（也可手动开关并具有调压限流功能）、空气阀（进排气阀）、真空阀（确保主管道安装的空气阀完全打开或关闭）、球阀、闸阀等（图 3-13）。

四、输配水管网的土建工程

阀门井是滴灌系统输配水管网必需的附属设施，一般在地下管道的各种阀门（如闸阀、蝶阀、减压阀、进排气阀等）安装处均要设置，用来启闭、保护及检修阀门（常见结构见图 3-14）。有条件的地区可以采用玻璃钢复合材料阀门井（图 3-15），具有环保、安全、无毒，坚固耐用，运输、安装方便，防风化、耐盐碱等优点。

排水井作用如下：①寒冻地区防冻保护，即停灌季节，在冷冻出现以前，排放管道系统中的余水，达到防冻的目的；②冲洗管道时排出污水，以防管道中的污物沉淀等堵塞滴灌系统。排水井应根据地形条件，一般设置在管道低洼处和管道末端。排水井结构应考虑尽量将排水迅速渗入地下为原则（常见结构见图 3-16）。

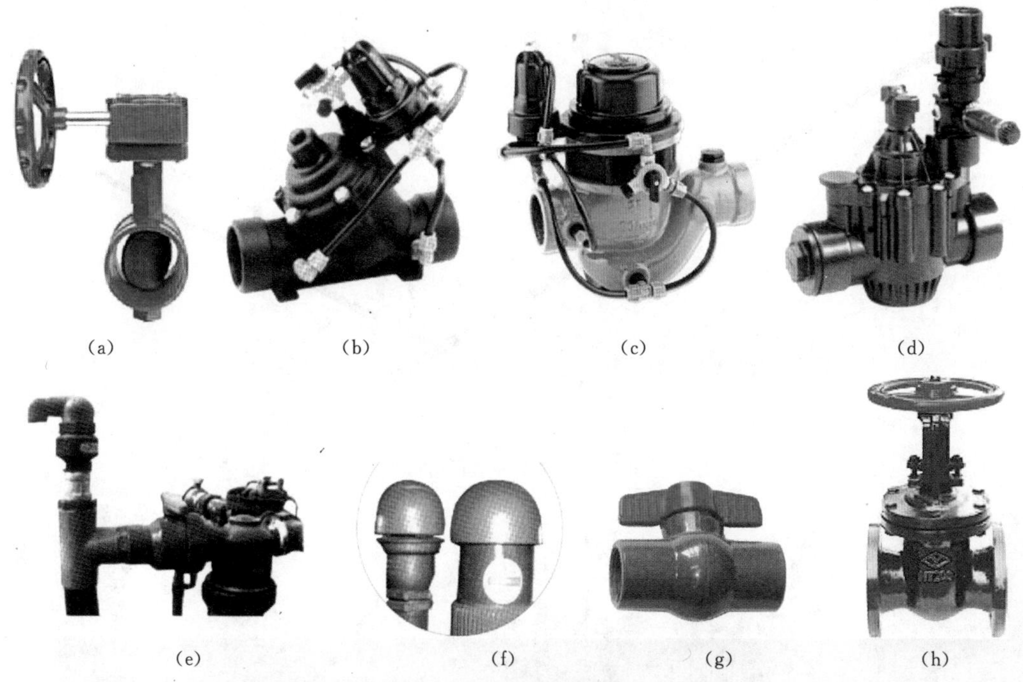

图 3-13 各种控制调节设备

(a) 涡轮蝶阀；(b) 减压阀；(c) 减压水控计量阀；(d) 电磁阀；(e) 空气阀；(f) 真空阀；(g) 球阀；(h) 闸阀

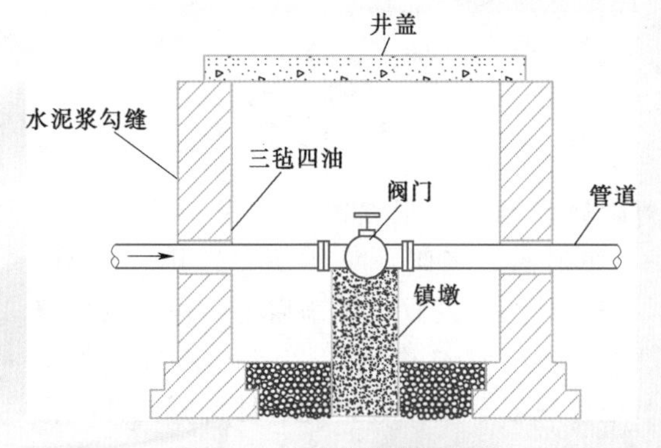

图 3-14 阀门井结构示意图

图 3-15 玻璃钢复合材料

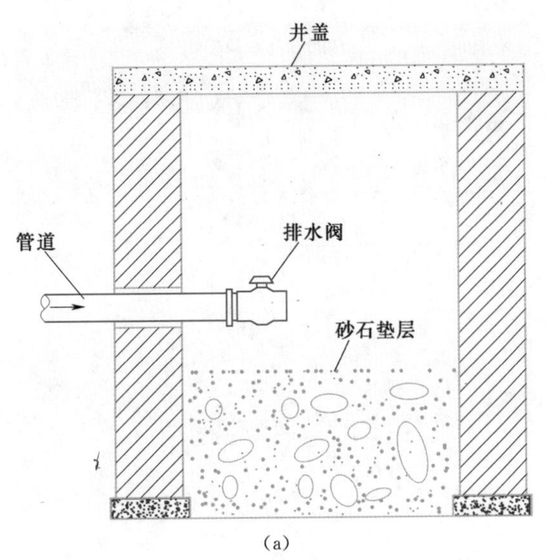

(a)

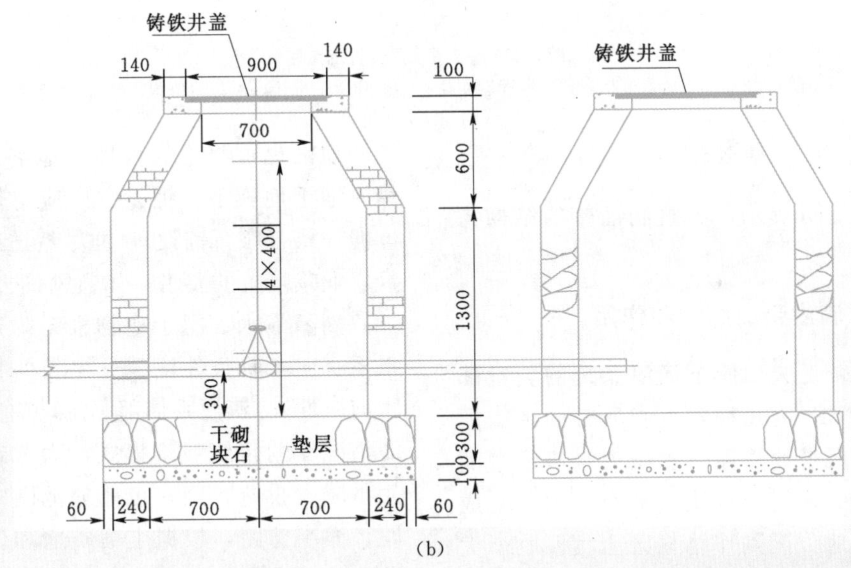

(b)

图 3-16　排水井结构示意图（单位：cm）

(a) 排水井与渗井在一起；(b) 排水井与渗井分离

镇墩应布设在总干管、干管、分干管、支管等埋于地下管道的水平或垂直转弯、各级管道连接和建筑物连接进出口等部位（图 3-17）；如果安装管道较长、地形坡降较大或地形比较复杂要加设支墩。镇墩、支墩的体积和结构通过计算确定。要注意的是不能将镇墩、支墩和管道一起浇筑，镇墩、支墩浇筑时先留预埋件，等管道安装后再把预埋件配件固定。镇墩混凝土标号不小于 C20，现场浇筑，48h 后才能进行部分回填。

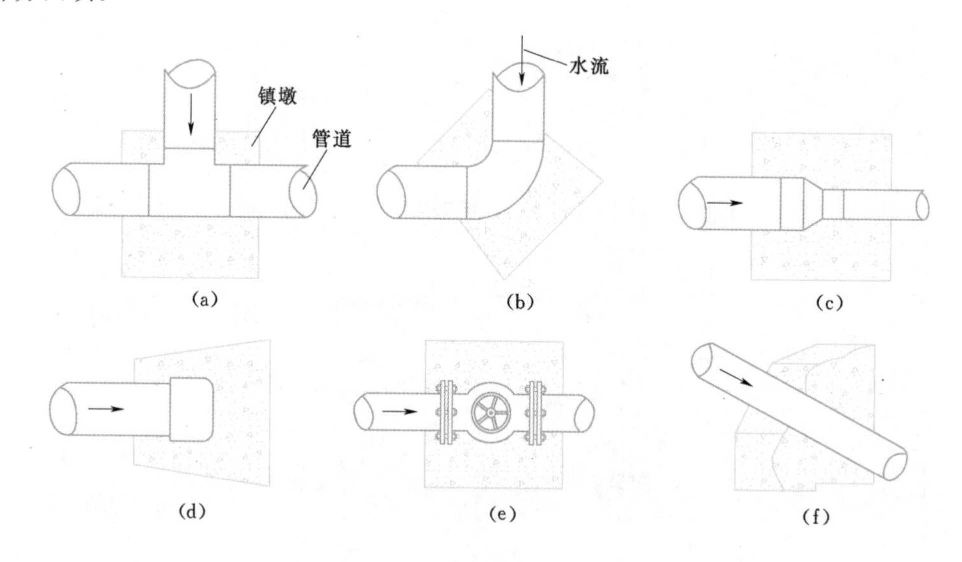

图 3-17 镇墩设置位置示意图

(a) 管道分叉；(b) 管道拐弯；(c) 管道变径；(d) 管道末端；(e) 阀门位置；(f) 陡坡管段

第三节 滴灌带

● 要点提示：了解滴灌带的结构与作用。

一、滴灌带的结构和作用

滴灌带是大田膜下滴灌系统的关键部分，图 3-18 为几种常见滴灌带的结构形式。其作用是使滴灌带中压力水流经过灌水器细小的流道或孔眼，减小压力，变成水滴均匀地分配到作物根区土壤。一个大田膜下滴灌系统工作的好坏，最终取决于滴灌带上灌水器施水性能的优劣。因此，通常称滴灌带上的灌水器为滴灌系统的心脏。

二、滴灌带的铺设间距和位置的确定

滴灌带一般铺设于地表，幼苗期有风灾的地区也可将毛管浅埋于地下；地膜栽培时铺于地膜下。铺设方向应与作物种植方向一致（顺行铺设），并尽量适应作物本身农业栽培上的要求（如通风、透光等）。

滴灌施水、肥于作物根系附近，作物根系有向水肥条件优越处生长的特性（向水向肥性）。滴灌系局部灌溉，应突破地面灌情况下的传统栽培模式，为节约滴灌带用量减少投资，应在可能的范围内增大行距、缩小株距，根据土壤质地和作物通风透光的要求创新栽培模式，以加大毛管间距。生产实践和科学试验业已证明：在中壤土和黏土上实施科学合理的栽培模式和灌溉制度，地膜栽培条件下，一条毛管向四行作物供水是完全没有问题的。常见作物大田膜下滴灌的滴灌带铺设间距与位置如下。

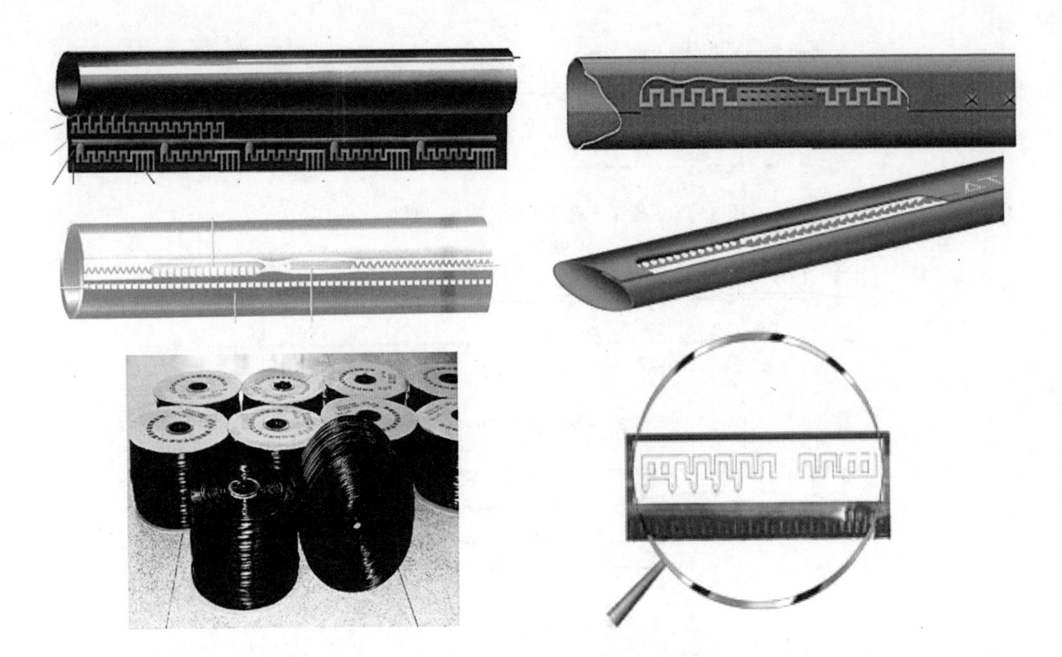

图 3-18　不同结构形式的滴灌带

1. 滴灌小麦

小麦行距为 12cm，滴灌带平均间距为 84cm(图 3-19)，一管 6 行，产量为每公顷 7500 多公斤。

2. 棉花

新疆生产建设兵团棉花膜下滴灌的几种毛管布置形式见图 3-20～图 3-23。表 3-1 列出的是目前新疆棉花滴灌毛管的各种布置形式，可供设计时参考。需要说明的是，机采棉受引进采棉机的制约棉花行距已经固定无法改变，故只能在其行间距上布置毛管。

图 3-19　小麦滴灌

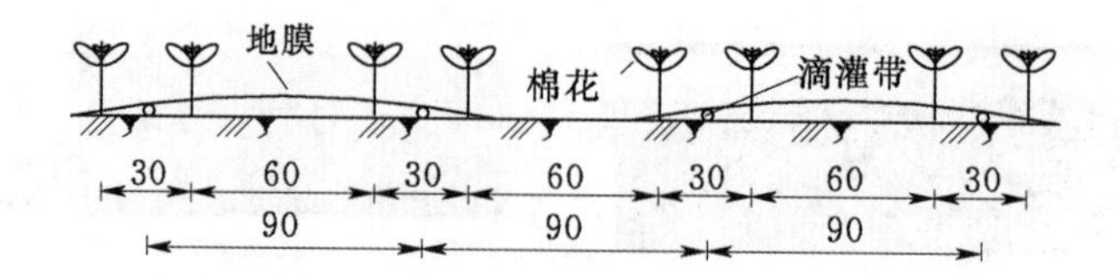

图 3－20　棉花一膜两管四行布置（单位：cm）

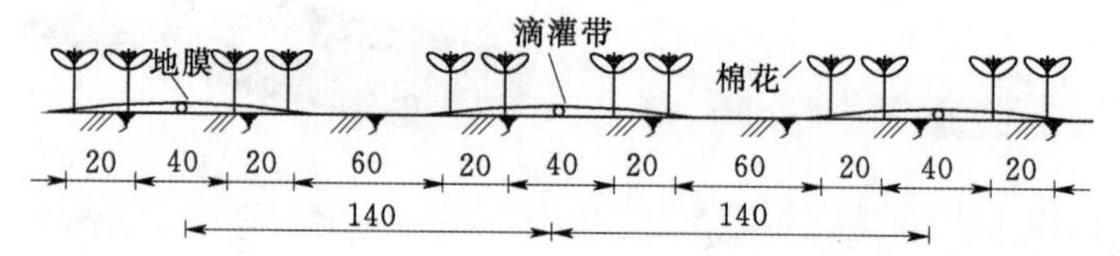

图 3－21　棉花一膜一管四行布置（单位：cm）

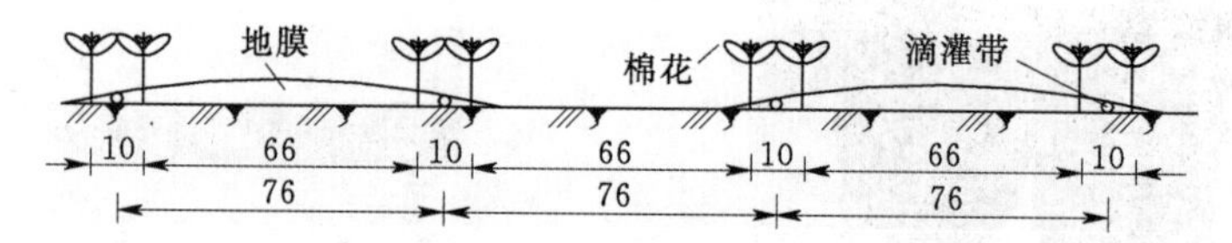

图 3－22　机采棉一膜两管四行布置（单位：cm）

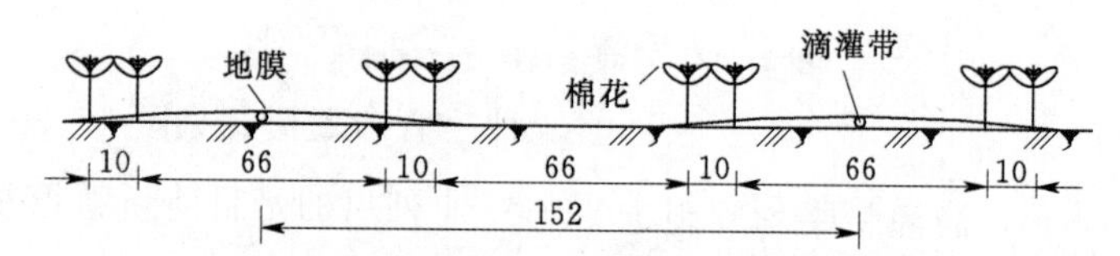

图 3－23　机采棉一膜一管四行布置（单位：cm）

表 3－1　　新疆棉花滴灌毛管的各种布置形式

作物	土壤质地	栽培模式（cm）		毛管间距（cm）	滴头间距（cm）	备注
		宽窄行	株距			
早熟陆地棉	砂土	30＋60	9～10	90	30～40	一管两行
	砂土	10＋66＋10＋66		76	30～40	一管两行
	壤土—黏土	20＋40＋20＋60		140	40～50	一管四行
	壤土—黏土	10＋66＋10＋66		152	40～50	一管四行
中晚熟陆地棉	砂土	30＋60	10～12	90	30～40	一管两行
	砂土	10＋66＋10＋66		76	30～40	一管两行
	壤土—黏土	20＋40＋20＋60		140	40～50	一管四行
	壤土—黏土	10＋66＋10＋66		152	40～50	一管四行
长绒棉	砂土	30＋60	9～10	90	30～40	一管两行
	砂土	10＋66＋10＋66		76	30～40	一管两行
	壤土—黏土	20＋40＋20＋60		140	40～50	一管四行
	壤土—黏土	10＋66＋10＋66		152	40～50	一管四行

3. 加工番茄

加工番茄是我国西部干旱区的优势经济作物，特别适合于滴灌栽培，加工番茄膜下滴灌面积仅次于棉花。新疆生产建设兵团加工番茄生产已基本实现机械化栽培与收获。加工番茄也推荐采用一次性滴灌带，布置见图3-24。新疆加工番茄膜下滴灌毛管和滴头间距可参考表3-2。

4. 玉米

玉米毛管和滴头布置形式与加工番茄基本相同，也推荐采用一次性滴灌带，滴灌带布置见图3-25。滴灌玉米毛管和滴头间距可参考表3-3。

5. 蔬菜

毛管间距通常控制在100～120cm，一般均采取宽窄行栽培，将毛管铺设于窄行正中的土壤表面（图3-26）；地膜栽培时毛管铺于地膜下，一条毛管控制两行（密植类作物可以控制一个窄畦，见图3-27）作物。蔬菜作物耗水量较大，对供水的均匀性要求较高，特别是保护地栽培，滴头间距宜采用小间距。

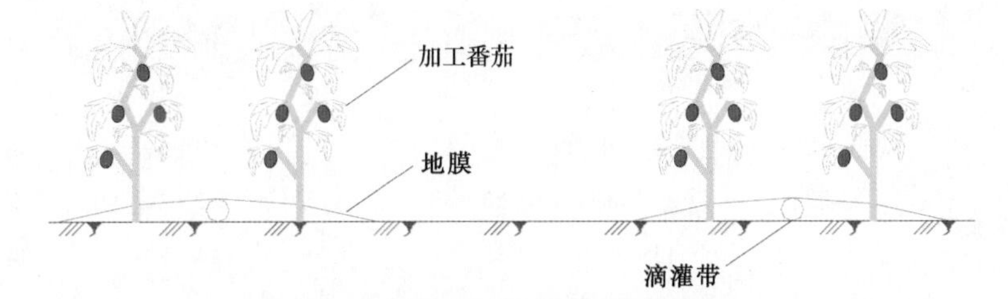

图3-24　加工番茄膜下滴灌毛管布置形式

表3-2　新疆加工番茄膜下滴灌毛管和滴头间距

作物名称	土壤质地	栽培模式（cm）		毛管间距（cm）	滴头间距（cm）	备注
		宽窄行	株距			
早熟品种：红杂10号、立厚8号	砂土	40+90	35～40	130	35～40	一膜一管两行
	壤土—黏土	50+80	35～40	130	40～50	
	壤土—黏土	50+90	35～40	140	45～50	
中晚熟品种：新番4号、13号	砂土	40+90	35～40	130	35～40	一膜一管两行
	壤土—黏土	50+80	35～40	130	40～50	
	壤土—黏土	50+90	35～40	140	45～50	

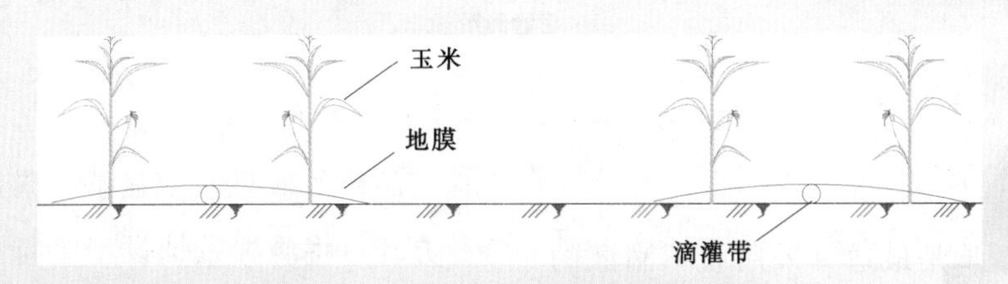

图3-25　玉米膜下滴灌滴灌带布置示意图

表 3－3　滴灌玉米毛管和滴头间距参考表

作物及品种特性		土壤质地	栽培模式（cm）		毛管间距（cm）	滴头间距（cm）	备　注
			宽窄行	株距			
复播玉米	紧凑型	砂土	30＋70	24～30	100	35～40	一膜一管两行
		壤土—黏土	20＋40＋20＋80	30～35	160	40～50	一膜一管四行
	中间型	砂土	30＋80	25～30	110	35～40	一膜一管两行
		壤土—黏土	20＋45＋20＋85	35～40	170	40～50	一膜一管四行
正播玉米	紧凑型	砂土	30＋70	30～35	100	35～40	一膜一管两行
		壤土—黏土	20＋40＋20＋80	35～40	160	40～50	一膜一管四行
	中间型	砂土	30＋80	25～30	110	35～40	一膜一管两行
		壤土—黏土	20＋45＋20＋85	38～42	170	40～50	一膜一管四行
	平展型	砂土	30＋80	25～30	110	35～40	一膜一管两行
		壤土—黏土	20＋45＋20＋90	40～45	170	40～50	一膜一管四行
青储玉米	独秆型	砂土	30＋80	25～30	110	35～40	一膜一管两行
		壤土—黏土	20＋45＋20＋85	35～40	170	40～50	一膜一管四行
	分枝型	砂土	30＋80	30～35	110	35～40	一膜一管两行
		壤土—黏土	20＋45＋20＋90	38～42	170	40～50	一膜一管四行

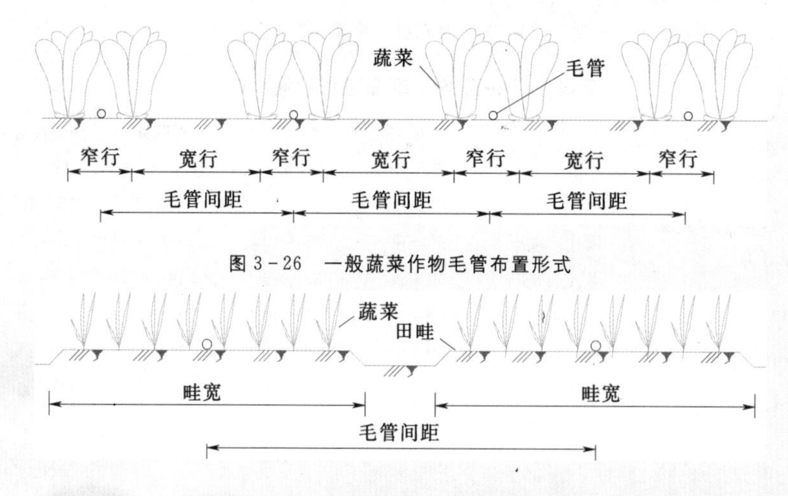

图 3－26　一般蔬菜作物毛管布置形式

图 3－27　密植蔬菜作物毛管布置形式

6. 甜瓜、西瓜

甜瓜、西瓜是最适宜采用膜下滴灌的作物，节水、省地、省工、防病、增产、提高品质的效果非常显著。采用宽窄行平种方式，将滴灌带铺设于窄行正中的土壤表面（图 3－28），上覆地膜。应根据不同品种长势和栽培方法的不同确定毛管间距，一般情况下可按表 3－4 选用。

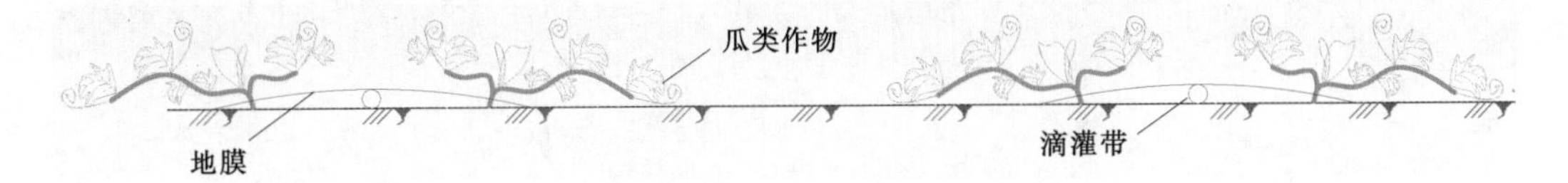

图 3－28　瓜类作物毛管布置示意图

表 3－4　瓜类作物参考毛管间距和滴头间距

作物名称	品种熟性	作物行距（cm）		作物株距（cm）	毛管间距（cm）	滴头间距（cm）
		窄行	宽行			
甜瓜	早	40	260	30～35	300	30～40
	中	40	260～310	35～40	300～350	30～40
	晚	40	310～410	40～45	350～450	30～40
西瓜	早	40	260～310	20～25	300～350	30～40
	中	40	310～360	25～30	350～400	30～40
	晚	40	360～410	30～35	400～450	30～40

注　1. 在中壤土和黏土上，窄行间距可增加到 50cm。

2. 滴头间距视土壤质地而定，质地轻取小值，质地黏重取大值。

第四章　大田膜下滴灌与土壤盐渍化

膜下滴灌技术的采用，避免了利用排水系统洗盐、压盐所带来的一系列问题，抑制了次生盐碱化，防止了环境污染，而且使土壤返盐率大大降低，为作物的生长提供了一个良好的水盐环境。

第一节　新疆盐渍化土壤改良

● 要点提示：了解膜下滴灌条件下，新疆盐渍化土壤的改良及影响因素。

内陆干旱区灌溉水和土壤中都含有一定盐分，流域总体上积盐的趋势是难以改变的。因地制宜地采用一些农业综合技术措施，特别是先进的灌溉技术和灌溉制度，在作物生长期内将盐分排除在作物根系层以外的土层中，以此获得高产稳产已成为当前新疆有效利用盐渍土的主要方式。兵团一些受盐碱危害最深的团场，由于打井抽取地下水并采用膜下滴灌种植棉花，地下水位显著降低，大量的盐碱地被改良重新利用，产生了非常大的效益。

一、新疆盐渍土改良问题

新疆盐渍土和次生盐渍土面积基本上维持在耕地面积的 1/3 左右，但新疆的农业连年增产，主要是农业技术的不断进步，也包括盐渍土利用技术的不断进步和成熟。

新疆是内陆干旱区，灌溉水和土壤中都含有一定盐分，流域总体上积盐的趋势是难以改变的，但是在人们认识其规律以后，逐步认识到通过排水工程措施将盐分排除到淋泄区，除地形要求外，工程量大、运行成本高，并非唯一和最佳方案；而因地制宜地采用一些农业综合技术措施，特别是先进的灌溉技术和灌溉制度，在作物生长期内将盐分排除在作物根系层以外的土层中，以此获得高产稳产是可行的，已成为当前新疆有效利用盐渍土的主要方式。

笔者 2008 年有幸参加了南北疆膜下滴灌调研，令人感触最深的是一些受盐碱危害最深的团场，由于打井抽取地下水并采用膜下滴灌种植棉花，地下水位显著降低，大量的盐碱地被改良重新利用，产生了非常大的效益。例如，142 团 2005 年开始采用滴灌，在用水量没有增加的情况下，截至 2008 年，种植面积从原先的 1 万～1.13 万 hm^2（15 万～17 万亩）增加到约 2.67 万 hm^2（40 万亩），收复弃耕地 1.33 万 hm^2 以上（20 万亩），基本上都是盐碱地。

121 团是最早试验膜下滴灌的团场，盐碱地已全部得到利用，种植面积也显著扩大。最近几年北疆地区盐碱弃耕地成为各家庭农场抢着承包的香饽饽，各团场包括沙湾县等弃耕盐碱地已基本被抢光。南疆和东疆的一些盐碱地较多的团场也深深感受到膜下滴灌在改良利用盐碱地方面的显著效果。

据康跃虎博士在《滴灌盐碱地开发利用与咸水灌溉技术研究成果图片报告》中介绍，2007 年滴灌水盐调控与盐碱地开发利用试验中，在红胶泥盐碱地采用膜下滴灌种植油葵，最高产量达到 4155kg/hm^2，为周边地面灌溉良田的 1.4～1.8 倍。图 4 - 1 为膜下滴灌油葵。

二、膜下滴灌对土壤含盐量的影响

关于膜下滴灌生态效应问题，张鑫、蔡焕杰等将膜下滴灌的生态环境效应分为土壤水分效应、土壤肥力效应、土壤物理效应、农田作物生态环境效应、农田植物生态生理效应和特殊环境效应等几方面进行了研究；李毅等研究了膜下滴灌技术在盐碱地开发利用中应用的意义，并认为膜下滴灌技术的采用，避免了利用排水系统洗盐、压盐所带来的一系列问题，防止了环境污染，而且土壤返盐率大大降低，并为作物的生长提供了一个良好的水盐环境；王新坤等将膜下滴灌技术应用于新疆旱区农业生态环境建设中，认为膜下滴灌技术对防治植被退化和土地沙漠化、改良次生盐渍化土壤和防止土壤次生盐渍化等方面都起到了积极的作用；肖让等研究表明，重盐碱区采用膜下滴灌洗盐作用明显。

图 4-1　膜下滴灌油葵

周和平等人综述了近几年新疆灌区有关膜下滴灌条件下的水盐运移、脱盐变化方面的试验研究成果和实践效果。主要结论如下：①基于膜下滴灌的灌溉方式，能减少盐分对作物的伤害，滴灌可用微咸水灌溉，且对作物产量影响较小；②覆膜种植抑制土壤盐分效果也是明显的，通过同一地段不同深度覆膜与非覆膜种植的土壤盐分含量试验分析，地膜覆盖条件下有利于抑制土壤积盐，特别是抑制表层土壤的积盐；③膜下滴灌水盐运移的变化规律是：在水平方向上，土壤盐分向滴灌作物生长区域的两侧运移，并积累在作物行间的土壤表层；在垂直方向上，由于土壤始终保持在湿润状态，在水的淋洗作用下，土壤盐分向耕作层以下运移并发生积聚，耕作层盐分降低，这一点在广西钦州市钦北区推广香蕉膜下滴灌技术时，也得到实践证明，膜下滴灌使耕作层盐分降低。滴灌香蕉见图 4-2。

图 4-2　滴灌香蕉

第二节　膜下滴灌条件下土壤盐分分布与控制

● 要点提示：了解膜下滴灌条件下，

土壤盐分运移与分布情况。

一、滴灌条件下影响土壤盐分分布的因素

滴灌条件下，影响土壤中盐分分布的因素很多，主要有土壤表面的蒸发势（与气候、土壤质地有关）、灌溉水质、灌水总量、滴头流量、滴头位置（地上或是地下、地下埋设深度、滴头间距）以及淋洗情况等。在相同的气候、土壤和水质条件下，影响土壤中盐分分布的两个主要因素是灌水量和滴头位置，其一般规律如下：①当灌水量大时，滴头下面的土壤出现淋洗区，盐分在湿润边缘线聚集；②当滴头间距较小，出现湿润线重叠时，盐分分布形式有所变动，滴头下面为典型淋洗区，在湿润线重叠处只有轻度积盐现象，但此时湿润区边缘地表积盐比大间距情况下大得多；③土壤浅层积盐情况，地下滴灌比地表滴灌积盐面积大、积盐相对较多。吕殿青等人在粉砂质黏壤土上进行的室内试验表明：膜下滴灌土壤盐分分布可分为达标脱盐区、脱盐区和积盐区；土壤含盐量分布具有水平脱盐距离大于垂直脱盐距离的特点；滴头流量、土壤初始含水量和初始含盐量的增加不利于达标脱盐区的形成；灌水量的增加有助于土壤脱盐。因此，在此类盐碱地上滴灌，应选小流量滴头，延长灌水历时加大灌水量。

二、滴灌条件下的土壤盐分控制

通常情况下可通过调整滴头间距和灌水量的办法，有效地控制作物根区的盐分聚积。实践证明，用滴灌进行频繁灌水情况下，滴头下可形成所需的淡化带深度，能使根区土壤的含盐量保持在灌溉水本身的含盐量范围内。

由于滴灌条件下田面盐分分布是不均匀的，在有天然降水能使土壤充分淋洗的地区，例如，新疆北疆大部分地区、东北和内蒙古，滴灌情况下作物行间所积累的盐分会自然地被淋洗，不会成为什么问题。

但在降水很少的干旱区，特别是盐渍土地区，例如新疆南疆、东疆地区，天然降雨或春季融雪水不能将盐分淋洗到根层以下，每年利用水源充足的季节，彻底洗盐一次，或播前灌采用地面灌压碱洗盐后播种布设滴灌系统；也可在播种后利用滴灌系统本身，采用加大灌水量的办法进行淋洗。防治土壤盐渍化，将地下水位降低到临界水位以下是关键。竖井排灌加膜下滴灌是改良利用盐碱地的最有效方法。

滴灌提供了不打湿作物叶片的方便而有效的高频灌水方法，频繁而少量的灌水不仅可以及时补充作物蒸腾蒸发损失的水量，同时可使土壤中的盐分保持在低浓度状态。在可比条件下，同样用优质水，滴灌的产量应该略高于或至少等于其他灌水方法的产量。用劣质水时，由于滴灌将土壤水分保持在最佳含水量范围并每天或隔天补充由于蒸腾蒸发而损失的水量，因此其产量应该高于其他灌水方法的产量。

第五章　大田膜下滴灌的增产机理及推广建议

大田膜下滴灌充分改善了作物根系活动层的营养（水、肥、气、热）状况，为作物提供了最佳的生长环境。作物生长健壮，肥料增加、利用率提高，光合作用加强，因此，作物产量高，产品品质好。

第一节　大田膜下滴灌增产机理

● 要点提示：了解膜下滴灌增产机理。

一、大田膜下滴灌创造了作物根系活动层最佳营养状况

大田膜下滴灌与其他灌水方法的最显著区别在于高控制性（只要水源有保证，想什么时候灌水就什么时候灌水）和精准性（灌水比其他任何方法都节约和准确），能将作物根区的水肥气热状况维持在一个最佳水平。

1. 水

根据作物需要，滴灌以小流量适时、适量地向土壤补充水分，作物根系活动层土壤水分始终保持在最佳含水量范围（pF＝1.8～2.6）作物所需水分不仅能得到充分保证，根系从土壤中吸取单位水分需要的能量也少。

2. 肥

根据作物生长需要，浇水的同时可适时、适量地随水向作物根系活动层土壤施肥，改善了对定位定时施肥的控制，少施勤施，便于作物吸收，充分发挥肥效。同时减少了由于淋溶，杂草生长和流失而造成的肥料损失。此外，根系活动层透气性和地温的提高使微生物活动加强，有利于有机肥的分解利用。田间试验数据表明，较沟畦灌省肥47.5％。

3. 气

土壤水分运动主要借助于重力、毛细管等作用，不破坏土壤团粒结构，透气保温性良好，有利于土壤养分的活化。

4. 热

地膜覆盖起到了增温保温作用，滴灌情况下进入土壤的水温高于传统灌溉，土壤疏松保温好。

因此，膜下滴灌创造了有利作物生长发育的水、肥、气、热环境，生长快，抗病能力强，同时改善了对病害的控制，病原体通过水流传播的机会很小，结果必然是产量高、品质好。

二、膜下滴灌技术提高作物产量品质举例

以棉花为例，说明膜下滴灌技术的应用对作物产量品质的提高。

1. 单位面积收获株数提高

沟畦灌条件下，新疆北疆地区常因春季气候干燥多风，致使土壤水分散失极快，部分棉田必须适墒提早播种，加大了遭受霜冻的几率，且由于土壤墒情差，棉籽萌发困难，难以做到一播全苗。采用滴灌可采取干播湿出或补墒出苗的办法，不但保证了霜前播种霜后出苗，而且可做到出全苗，还可为留匀苗壮苗打下基础。对棉花生长发育及产量的影响十分明显。采用滴灌保证了棉花所需水分，调查资料显示：膜下滴灌棉花的出苗率为90％～95％，收获株数为理论株数的85％～90％，比沟畦灌棉田提高10％～15％。

2. 根系较沟畦灌明显增加

试验结果表明，在棉花苗期和蕾期，沟

畦灌根系发育快于滴灌，而花铃期棉花根系发育超过沟畦灌棉花，滴灌棉花根系量可达76g/m^3，比沟畦灌棉田多40%左右，因而营养体形成早，为丰产提供了保障。

3. 干物质积累增多

棉花膜下滴灌棉花与沟畦灌棉花的干物质积累主要从盛花期开始出现明显的差异。一般7月是棉花大量开花结铃的关键时期，也是棉花对水分需要最敏感时期，在此期间，水分对棉花生长发育及产量的影响十分明显。采用滴灌保证了棉花所需水分的适时、适量的持续供应，协调棉花干物质积累及其分配，为棉花的高产打下基础。根据石河子大学的试验结果，在同等条件下，滴灌棉田干物质积累比沟畦灌棉田增加20%～40%。

4. 叶面积指数明显高于沟畦灌棉田

采用膜下滴灌技术栽培的棉田，土壤水肥气热状况俱佳，促使棉苗早生快发，加快了棉花苗期生长速度，使进入叶面积指数高值持续期的时间较沟畦灌棉田提前，且持续时间延长，为提高棉花的经济产量打下坚实基础。进入盛花期后，滴灌棉田的叶面积指数已经明显高于沟畦灌棉田，进入盛铃期后滴灌棉田一直保持叶面积指数较高的势态，试验数据表明：棉花见花后40d左右，叶面积指数达到最高值3.6左右，比沟畦灌棉田高出0.5～0.8。峰值过后，随着生育期的推移，叶面积指数逐渐下降，但滴灌棉田的叶面积指数仍然保持高于沟畦灌棉田的态势，显著延长了棉花的光合作用时间。

5. 棉珠成铃率明显高于沟畦灌棉田

石河子大学试验资料显示：滴灌棉花第一果节的平均成铃率比沟畦灌棉田提高13.3%～14.0%，其中，1～3果枝滴灌棉花的成铃率为75.0%～92.5%，沟畦灌棉田为70.0%～82.5%，4～10果枝第一果节的成铃率，滴灌棉田为6.5%，沟畦灌棉田为21.1%，且滴灌棉田第二果节成铃率也较沟畦灌棉株提高。滴灌棉花1～10果枝第二果节的平均成铃率为9.8%～10.5%，比沟畦灌棉珠高43.8%～48.5%。平均成铃率提高，直接为棉花增产奠定了基础。

第二节　对当前推广大田膜下滴灌地区的几点建议

● 要点提示：了解膜下滴灌增产机理。

大田膜下滴灌工程的设计水平直接影响到系统建设的投资和建成后的运行、管理。滴灌系统管件规格的标准将影响系统灌溉均匀度和后期管网维修。而工程选用的节水器材质量的好坏又直接影响到工程建设的成败和建成后工程效益的发挥，甚至是推广。因此必须引起各级领导干部的高度重视，各部门应齐抓共管，同时还要加强对工程技术人员、农业技术人员、农机技术人员、农户、生产制造销售企业等的技术培训，加大宣传力度，提高全民的节水意识。

一、严把设备器材质量关

要优先使用通过国家节水产品认证的设备材料，杜绝伪劣器材在大田膜下滴灌工程中使用，以确保工程正常运行并能够充分发挥效益。实施产品认证和建立以市场准入制度为核心的制度体系，推动大田膜下滴灌的发展，进一步规范大田膜下滴灌项目的建设，从而确保工程建一个，成一个，收效一个，长期发挥效益。

二、提高设计水平

滴灌系统的设计水平直接影响到系统建设的投资和建成后的运行、管理，甚至影响工程建设的成败。因此优化设计、提高设计水平是至关重要的。应充分借鉴新疆发展大田膜下滴灌的经验和教训。如提倡大支管轮灌，废弃辅管轮灌方式；在支管进口安装调压阀，废除采用普通阀门手动调压方式等落后、不正确的设计。

三、调整配套播种机械，改变栽培模式

为获取明显的增产效益，需要对农艺措施进行相应的配套和调整。如采用滴灌方式种植作物的，要对传统灌溉播种方式的农机具进行配套改进。如播种机械要具备铺设滴灌带（或开沟浅埋滴灌带）、开槽、铺膜、覆土压膜边、打孔、播种、覆土、压实功能。

四、制定措施，规范管理

大田膜下滴灌工程具有一套严格的操作管理程序，在使用过程中，如果配套管理水平跟不上，将影响使用效果，因此，要建立和健全各项规章制度和管理措施。

五、宣传培训，转变观念

要加大宣传和培训力度，利用广播电视和节水培训班，要让农户真正掌握和了解大田膜下滴灌技术的机理和好处，使他们认识到，采用滴灌方法进行灌溉是灌作物，而不是浇地，与传统淹灌方式有着根本区别。

第六章　大田膜下滴灌工程基本知识

大田膜下滴灌是一项系统工程，要了解和具备设施设备、规划设计、施工安装、运行管理各个环节的基本知识，使用起来才能得心应手，达到比较好的效果。

第一节　大田膜下滴灌设备基本知识

● 要点提示：了解滴灌带质量好坏的识别方法、过滤器的用途和适用范围等。

设备质量是滴灌工程成功的重要基础条件，必须高度重视。经过国家节水产品认证的滴灌产品一般质量比较有保证，万一出现问题也比较容易追究责任，有利于维护消费者的权益。购置滴灌产品时一定要坚持选用质量有保证、信誉好的产品，千万不能贪图便宜，购买质量毫无保证的三无产品。

一、滴灌带质量好坏的识别方法

滴灌带是滴灌系统核心产品，其质量好坏对滴灌系统起着决定性作用，需高度重视，尽量不用再生料生产。识别滴灌带质量好坏，可采用以下方法。

（1）感官识别。滴灌带平直、均匀，表面光滑、明亮。

（2）抽检。自行进行简单的充水试验，看有否沙眼及沙眼的多少并观察出水量情况。用量大的应抽样送质检部门进行检验，以获取全面、可靠的质量检验报告。签订购买合同时，应写进该条款并讲明责任和所需费用承担等问题。

二、几种过滤器的主要优缺点及适用范围

1. 旋流水砂分离器

旋流水砂分离器能连续过滤高含砂量的灌溉水，其缺点是不能除去比重较水轻的有机质等杂物，水泵启动和停机时过滤效果下降，水头损失也较大。当滴灌水源中含砂量较大时，水砂分离器一般作为初级过滤器与筛网过滤器或叠片式过滤器配套使用。

2. 砂石过滤器

砂石过滤器是滴灌水源很脏情况下，使用最多的过滤器，它滤除有机质的效果很好。砂石介质的厚度提供了三维滤网的效果，比滤网滤除杂质的容量大得多。主要缺点是价格较贵、对管理的要求较高，不能滤除淤泥和极细土粒。一般用于水库、明渠、池塘、河道、排水渠及其他含污物水源的初级过滤器。

3. 筛网过滤器

筛网过滤器能很好地清除滴灌水源中的极细砂粒，在灌溉水源比较清时使用非常有效。但是当藻类或有机污物较多时，容易被堵死，需要经常清洗。安全性较差，一旦破损，杂质会进入滴灌系统。滤网过滤器多作为末级过滤器使用。

4. 叠片过滤器

叠片式过滤器具有小巧、可随意组装、冲洗方便、安全可靠的特点。叠片式过滤器有自动和手动两种冲洗方式，初级过滤和终级过滤均可使用。

第二节　大田膜下滴灌规划设计基本知识

● 要点提示：膜下滴灌工程应由具有资质的设计单位进行设计，设计时需考虑自然条件、生产状况和社会经济状况等条件，设计作物耗水强度是一个

关键设计参数，滴灌带的铺设长度也不可忽视。

一、大田膜下滴灌工程应由具有资质的设计单位进行设计

滴灌工程是一项系统工程，其规划设计必须合理，它涉及水利、土壤、气象、农艺等各种知识，非专业技术人员不可能做出合理的规划设计。

由于不同地区、不同田块，水源、土壤、气候、地形、作物等条件不可能完全相同，必须根据需要实施滴灌田块的具体条件，因地制宜地做出专门的设计，照抄其他地方的设计不可能做到合理科学。

具有设计资质的设计单位是经过专家评审，由主管部门审查认可的设计单位，能保证规划设计成果的正确无误。

一旦规划设计不合理出现问题，业主可以追究其相关责任，做出赔偿，可充分保护业主的权益。

二、规划设计应考虑的主要因素

大田滴灌工程规划设计时，需要的基本资料包括自然条件资料、生产状况资料和社会经济状况资料等，必须真实。自然条件资料中，地形资料、气象资料、水源资料、土壤资料、作物栽培和灌溉试验资料很重要；生产状况资料中主要是动力资料及材料和设备供应资料。其中，以下因素需重点考虑。

(1) 水源。水源要有保证，必须对项目区水源条件进行充分论证。

(2) 地形的变化。要求在大比例（1/1000～1/2000）地形图上进行设计。不允许在一张白纸上进行规划设计。

(3) 作物耗水强度。设计耗水强度决定着滴灌系统的容量（最大工作能力），容量取小了不能满足作物的需水要求，取大了将造成工程的浪费，应因地制宜地科学确定，充分分析倒茬作物的可能变化，按当地高峰耗水量最大作物的高峰耗水量确定设计耗水强度。对于仅早春需要灌溉而其他时间均有充足降雨的补充灌溉区，考虑倒茬因素后，按春季需水量最大作物确定其设计耗水强度。

作物高峰耗水期如有可靠的地下水或降水补给作物，应考虑其影响，否则不予考虑。

气象条件是关键因素，最好依据当地的灌溉试验资料设计耗水强度。

(4) 滴头流量。滴头流量选择非常重要，在可能情况下，尽量选择小滴量滴头滴灌带。

(5) 轮作倒茬。应充分考虑作物倒茬的变化。按需水量最大作物确定设计耗水强度，按种植密度最大作物考虑滴灌带铺设间距。

三、规划设计主要技术成果

由具有设计资质单位按设计规范做出的规划设计成果，一般情况下应是合理的。

相关规范规定：平原区灌溉面积大于 $100hm^2$、山丘区灌溉面积大于 $50hm^2$ 的滴灌工程应分为规划、设计两个阶段进行，面积小的可合为一个阶段进行。规划阶段进行可行性研究，编制出“可行性研究报告”；设计阶段对滴灌工程进行全面设计，提交达到施工要求的“工程设计”技术文

件。面积小的滴灌工程合二为一，提交有可行性研究内容的“实施方案”技术文件即可。

工程设计技术文件一般由设计说明书、计算书、图纸和预算书 4 部分组成，工程规模较小时可将说明书、计算书和预算书合并，工程规模很小甚至可将 4 部分合为 1 个文件。图纸是工程师的语言，工程设计最主要的任务是设计绘制出齐全、规范、达到施工要求的全套设计图纸。主要图件包括工程规划图、工程平面布置图、管道纵剖面图、节点压力图、系统运行图、节点大样图、首部枢纽设计图、附属建筑物设计图等。

四、规划设计的重要性

不进行规划设计而随便想当然地进行滴灌工程施工安装，不但可能造价偏高，同时可能根本无法正常使用。轻者田间灌水极不均匀；重者一些地方灌不上水，一些地方水太多甚至爆管，造成工程报废。

五、几种设备在规划设计时应注意的问题

1. 压力流量调节器的配置问题

灌水小区进口（一般为支管首部），除最不利灌水小区因进口压力为设计的工作压力外，其他灌水小区均高于设计需要的压力，必须设置压力流量调节装置以保证灌水小区稳定的压力和流量，以达到整个田块灌水均匀的目的。最好选用自动调压稳定流量功能的调压阀。

滴灌管网是一个互相紧密联系的系统，动任何一个阀门，将影响到其他阀门处压力流量的变化，因此，不能采用普通闸阀调压。

由于稳流三通水头损失较大，对于大田膜下滴灌，在滴灌带进口安装稳流三通进行调压的方法一般是不可取的。因为大田膜下滴灌工作压力低，而稳流三通需要较高的压力才能工作，安装后不但毫无作用，而且会增大阻力，灌水将更加不均匀。

2. 进排气阀、真空阀的配置问题

必须重视进排气阀、真空阀的设置问题，这是管网安全运行不可或缺的重要保证。设计时，应按规范要求严格布设。施工安装时选用质量可靠的产品。

3. 滴灌带铺设长度问题

影响滴灌带铺设长度的主要因素是：滴灌带内径，滴灌带上的滴头流量、滴头间距，滴灌带铺设方向的地形坡度，以及滴灌带上的工作压力。

一般规律是：滴灌带内径大、滴灌带上的滴头流量小、滴头间距大、顺坡且地形坡度较大者其铺设长度长；反之则铺设长度短。同种滴灌带，其工作水头的大小决定着滴头的流量大小。工作压力大，滴头流量大；工作压力小，滴头流量小。因此，也影响滴灌带铺设长度。

灌水小区设计中，滴灌带允许水头差的大小也影响滴灌带铺设长度。

滴灌带铺设距离越长，所需支管数和管件越少，造价越低，管理越方便。在可能情况下，应尽量选用小流量滴头。

田间布置支毛管时，需考虑田块规格，滴灌带铺设越长所需支管数越少，还应考

虑管理方便。倘若所选滴灌带铺设长度不适合，可适当调整工作压力，使滴头出水量增加或减小，以此调整滴灌带铺设长度，使其与需要相吻合。

必须注意：厂家所标滴灌带上滴头流量是10m水头下每小时滴水公升数，当工作水头降低时，应根据降低后的水头从厂家提供的该滴灌带滴头压力流量曲线图上查出相应的流量，以此流量进行规划设计计算。

目前，大田膜下滴灌一般均使用内径为16mm的单翼滴灌带，不同滴头流量、滴头间距、地形坡度情况下的滴灌带铺设长度见表6-1。

表6-1　不同滴头流量、滴头间距、地形坡度情况下的滴灌带铺设长度

工作压力 (m)	滴头流量 (L/h)	滴头间距 (m)	地形坡度 (%)	最大铺设长度 (m)
8	1.0	0.3	0	114.15
8	1.0	0.3	+1或-1	140.55或89.40
8	1.0	0.4	0	137.00
8	1.0	0.4	+1或-1	173.80或95.80
8	2.0	0.3	0	74.55
8	2.0	0.3	+1或-1	85.65或61.65
8	2.0	0.4	0	89.40
8	2.0	0.4	+1或-1	105.00或71.00

注　表中所列滴灌带铺设长度按灌水器水头指数为$x=0.6$、灌水小区流量偏差率为0.2、压力偏差在毛管上的分配比例为0.55、局部水头损失扩大系数取1.1计算所得，“+”表示顺坡铺设，“-”表示逆坡铺设。

第三节　大田膜下滴灌施工安装基本知识

● 要点提示：膜下滴灌工程应由具有资质的施工单位进行施工，施工时各项工作需按照设计技术要求做到位。

一、大田膜下滴灌工程应由具有资质的施工单位进行施工

由具有施工资质的施工单位进行施工，是保证工程质量的重要措施。施工资质由主管行政部门通过专家评审后审查批准授予，能保证施工质量。

万一施工质量出现问题，可以向其要求赔偿直至向法律部门提出上诉，追究施工单位甚至主管部门的责任，有效地保护业主的权益。

如果自行决定由没有资质的单位施工，一旦出问题，很难保护业主自身的权益。

二、施工时应按设计技术要求进行

施工应做好以下工作。

(1) 通过招投标选择信誉好有施工资质的施工单位进行施工。

（2）严格做好施工监理工作，可请有资质的监理部门监理，如果业主有懂滴灌的技术人员，也可自行监理。

（3）严格检验滴灌设施器材是否合格产品。

（4）按设计进行施工，如有变动必须经设计部门同意。

（5）特别要注意监管隐蔽工程的施工质量（如地埋聚氯乙烯管网的埋设深度、坡度、镇墩设置等）。

（6）如发现设计中有需要改进的地方，业主有权要求进行更改，但必须经设计部门同意。

（7）按设计要求和施工验收标准严格进行验收，完全符合要求的，即为施工质量好。

（8）试运行，完全符合设计要求且管理方便的，即为施工质量好的。

三、滴灌带铺设中应注意的问题

滴灌带铺设应注意以下问题。

（1）铺设滴灌带的播种机导向轮转动灵活，导向环应光滑，使滴灌带在铺设中不被挂坏或磨损。

（2）滴灌带铺设时应保持滴头朝上，采用单翼流道滴灌带的，凸面朝上。

（3）滴灌带连接应紧固、密封。

（4）滴灌带铺设装置进入工作状态后，严禁倒退。

（5）在铺设过程中，对于断开位置应及时用直通连接，避免土粒等杂物进入。

（6）滴灌带铺设不要太紧，要留有一定余量，防止铺设过紧造成安装困难，过松造成浪费。

（7）两支管间滴灌带应剪断，将尾端折叠后用滴灌带管段套好。

四、地埋管道埋设深度问题

地埋管埋设深度应在规划设计阶段确定。

冻土层深度较浅（1.2m 以内）时，宜将地埋管埋在冻土层以下，即地埋管顶部距地表应不小于当地的最大冻土层深度。

冻土层深度较深（1.2m 以上）时，为避免工程量太大，一旦出问题维修困难，宜将地埋管埋在冻土层以内，但必须保证在入冬前将管内积水排空（地形坡度较大的可采用管道埋设一定坡度自然排空；地形坡度较小的，可采用空压机机械排空）。为保证管道不被破坏，地埋管顶部距地表距离应不小于 60～80cm。

入冬前排空最大冻土层内管道存水的原因是：水结冰后，PVC 管会被胀裂破坏；PE 管不会产生冻胀破坏，但春天需要灌水时，因管内结冰一时不会融化，会影响滴灌系统正常使用。

五、聚氯乙烯（PE）管连接问题

目前，大田膜下滴灌系统通常采用薄壁 PE 管作为支管。在和滴灌带连接时，PE 管和滴灌带端口都应剪齐（平直），不得有斜边或锯齿边，滴灌带连接应紧固、密封。在 PE 管上打孔时，打孔方向应与地面垂直，用力均匀，不得将管子打通，孔洞必须光滑，不得有毛边、斜边，打孔的塑料渣不得掉入管中。图 6－1 为薄壁 PE 管与管件连接。

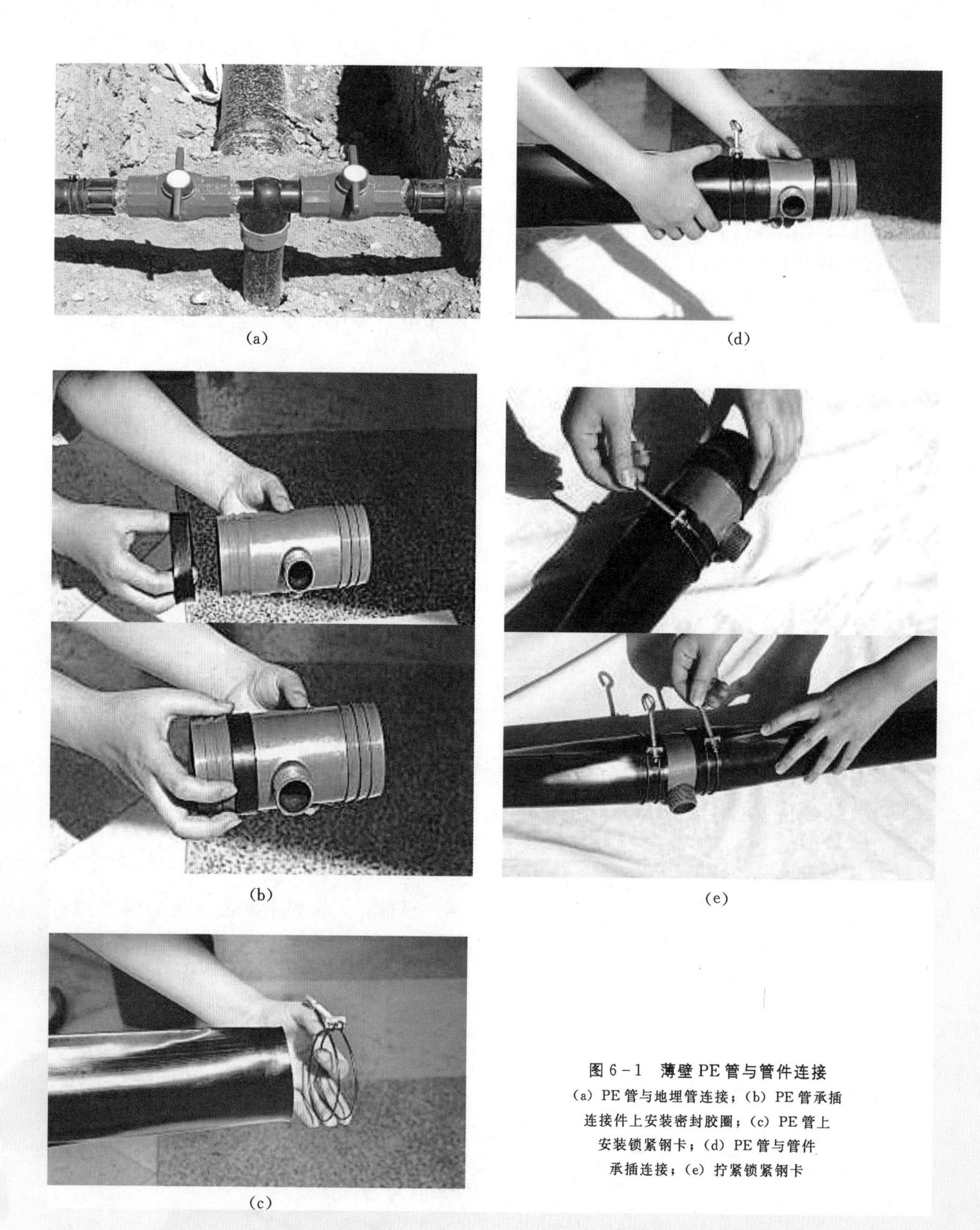

(a)

(d)

(b)

(e)

(c)

图 6-1 薄壁 PE 管与管件连接

(a) PE 管与地埋管连接；(b) PE 管承插连接件上安装密封胶圈；(c) PE 管上安装锁紧钢卡；(d) PE 管与管件承插连接；(e) 拧紧锁紧钢卡

第四节　大田膜下滴灌运行管理基本知识

● 要点提示：膜下滴灌系统应按照设计运行方式运行，运行时要掌握各注意事项。

一、滴灌工程需按照设计运行

滴灌系统规划设计时，必须按一定的运行方式进行设计，它既要在一定的水源条件下使工程管理方便、造价合理，又必须保证整个田面都灌水均匀。因此，滴灌系统运行时需按设计运行方式运行。如果不按设计运行方式运行，管网压力将发生不应有的显著变化，轻则田块不同地块浇水量多少不均，甚至不出水，显著不均；重则管道爆裂，无法再使用。

二、滴灌系统运行要求

1. 系统首部运行要求

(1) 对蓄水池或沉淀池等水源工程应经常检查，发现损坏及时维修，对池内沉积物要定期清理并冲洗干净。灌溉季节结束应排干池水，以免冻胀破坏。

(2) 水泵要严格按照操作手册的规定进行操作管理。

(3) 每次工作前必须对过滤器进行清洗。滴灌系统运行过程中，应严格按过滤器设计流量与压力进行操作，严禁超压、超流量运行，若过滤器进、出口压力差超过25%～30%，要对过滤器进行清洗；灌溉施肥结束后，要及时对过滤器进行冲洗。

(4) 施肥罐中注入的固体肥料或农药其体积不得超过施肥罐容积的2/3。

2. 输配水管网

(1) 每年灌溉季节开始前，应对地埋管道进行检查、试水，保证管路畅通。闸阀及安全保护设备应启动自如，阀门井中应无积水，裸露地面的管道应完整无损，量测仪表盘面应清晰，指针灵敏。

(2) 灌溉季节结束时，应冲洗管路，排放余水，对系统进行维修保养，阀门井应加盖保护。严寒地区，阀门井中与干、支管接头处应采取防冻措施。地面管道应小心拆卸、妥善保管，尽量存放在避光的库房中。

(3) 运行期间，定期检查系统管网的运行情况，如有漏水要立即处理。系统管网每次工作前要进行冲洗；运行过程中要检查系统水质情况，视水质情况对系统进行冲洗。

(4) 严格保证系统按设计运行方式在设计压力下安全运行。当一个轮灌组灌水结束时，必须先开启下一轮灌组，再关闭上宜轮灌组，严禁先关后开。

(5) 系统运行过程中，应经常巡视田间滴灌带工作情况，发现问题及时处理，必要时应进行压力流量测定。

(6) 进行田间其他农事作业，如放苗、定苗、除草时，应避免损伤滴灌带。

三、滴灌系统运行注意事项

滴灌系统操作人员应该掌握最基本的要领，按各设备所规定的操作规程进行操作；管网运行前，检查水泵、闸阀、各级过滤器是否正常；然后按轮灌方案打开相应分干管及相应支管阀门；当一个轮灌区灌溉结束后，先开启下一个轮灌组，再关闭当前轮灌组，先开后关，严禁先关后开；检查支管和滴灌带运行情况，如有漏水，先开启邻近一个控制阀，再关闭漏水区控制阀进行处理；系统应严格按设计压力要求进行运行，如有异常必须及时处理。

在系统运行时，还应注意以下几点。

1. 水源工程

定期对蓄水池内的泥沙等沉积物进行清理冲洗。灌溉季节开敞式蓄水池中易繁殖藻类，应定期投放硫酸铜，使水中硫酸铜浓度在 0.1～1.0mg/L 范围，防止藻类滋生。

2. 水泵

（1）每次停止工作，应擦净水泵表面水迹，防止生锈。

（2）由机油润滑的新水泵运行 1000h 后，应及时清洗轴承及轴承体内腔，更换润滑油；用黄油润滑的，每年运行前应将轴承和轴承体清洗干净，运行期内定期（一般 4 个月左右）给电动机加黄油。机械密封润滑剂应无固体颗粒，严禁机械密封在干磨情况下工作。

（3）离心式水泵运行超过 2000h 后，应拆卸检查所有部件，清洗、除锈去垢、修复或更换各种损坏零件，必要时更换轴承。机组大修期一般为 1 年。

（4）经常启动设备会造成“动/静”触头烧损，应不定期检查并用砂纸打磨，触头接触面严重烧损的，应及时更换。

3. 过滤器

（1）筛网过滤器。其滤网应经常检查，发现损坏应及时修复或更换。灌水季节结束后，应取出滤芯，刷洗晾干后备用。

（2）砂石过滤器。视水质情况每年对介质进行 1～6 次彻底清洗。对于因有机质和藻类产生的堵塞，应在水中加入一定比例的氯或酸，浸泡过滤器 24h，然后反冲洗直到放出清水，排空备用。同时，检查过滤器内石英砂的多少，是否有砂结块或其他问题，结块和黏着的污物应予以清除，若因冲洗使石英砂减少，则应补充相应粒径的石英砂。必要时取出全部石英砂，彻底冲洗后再重新逐层放入滤罐。

4. 施肥装置

尽量避免使用铁质肥料罐（桶），以避免因肥料液腐蚀产生铁的化合物堵塞滴头。为了均匀施肥，最好的方式是：统一管理，统一施肥；严格按设计运行方式运行，随水施肥；只要灌水均匀，必能保证施肥均匀。如果一定要自行单独施肥，必须具备以下条件：自己的地必须是单独的一个或数个灌水小区；要有注入式施肥配套设备，并具备自行施肥的其他必备条件。

5. 系统管网

定期冲洗管道。支管应根据供水质量情况进行冲洗。灌溉水质较差时要经常冲洗滴灌带，一般至少每月打开 1 次滴灌带尾端，在正常工作压力下彻底冲洗，以减少滴灌带上滴头的堵塞。

6. 灌水量

滴灌设计灌溉制度和平常所实施的灌溉制度不同，滴灌设计灌溉制度主要解决的是滴灌系统供水能力问题，即系统容量问题（满足该系统内耗水最大作物高峰耗水期作物需水要求）。

在不同作物和同一作物的不同生育阶段具体运行时，究竟何时灌水、灌多少水，则应根据作物需水要求和土壤水分状况而定，同时还必须考虑水源的供水情况（详见第七章有关章节）。

四、滴灌带出水均匀与否的主要影响因素

滴灌带产品质量正常情况下，出水不均匀的主要影响因素如下。

（1）滴灌系统未按设计运行方式进行运行，造成管网压力异常变化。

（2）滴灌带进口工作压力不够（设计不正确，施工质量差管网跑、冒、滴、漏造成泄压等）。

（3）未按设计滴头流量选择滴灌带，所选滴灌带流量偏大。

（4）滴头流量选择正确，但滴灌带铺设长度过长。

五、滴灌系统入冬前的维护

1. 系统首部

（1）水源工程。严寒地区，灌溉季节结束后应放掉蓄水池内存水以避免冻胀破坏。

（2）水泵。在灌溉季节结束或冬季使用时，停机后应打开泵壳下的放水塞把水放净，防止锈蚀和冻胀破坏。

（3）过滤系统。

1）叠片过滤器。先把各叠片组清洗干净，然后用干布将塑壳内的密封圈擦干放回，开启集砂罐一端的堵头，将罐中集存物排出，然后将水放净，再将过滤器压力表下的选择钮置于排气位置。

2）砂石过滤器。打开过滤器罐的盖子和罐体底部的排水阀将水全部排净。

将过滤器压力表下地选择钮置于排气位置。若罐体表面或金属进水管路的金属镀层有损坏，应立即清锈后重新喷涂。

3）自动反冲洗过滤器。在反冲洗后将叠片彻底清洗干净后放回（必要时需用酸清洗）。

（4）施肥装置。进行维修时关闭水泵，开启与主管道相连的注肥口和驱动注肥装置的进水口，排去空气。

1）注肥泵。用清水冲净注肥泵，按照相关说明拆开注肥泵，取出注肥泵驱动活塞，用润滑油进行正常润滑保养，然后拭干各部件后重新组装好。

2）注肥罐。仔细清洗罐内残液并晾干，清洗软管并置于罐体内保存。每年在注肥罐顶盖及手柄螺纹处涂上防锈油，若罐体表面的金属镀层有损坏，则清锈后重新喷涂，并注意不要丢失各个连接部件。

2. 田间管网

灌溉季节结束后应逐个打开支管、分干管或干管上的排水阀门，将输配水管网冲洗干净。

入冬前，埋设于冻土层内的管道必须排空，并关闭堵头（或排水阀），以防小动物进入。

各级阀门按有关要求进行保养后采取有效保护措施（如包扎、捆绑等）进行保护。

六、过滤、施肥系统常见故障及排除方法

过滤、施肥系统常见故障及排除方法详见表6-2。

七、滴灌系统常见故障及排除方法

滴灌系统常见故障及排除方法见表6-3。

表6-2　过滤、施肥系统常见故障及排除方法

常见故障	可能原因	排除方法
旋流水砂分离器水头损失超过原压力差0.035MPa	（1）集沙罐集沙太多引起堵塞； （2）水流量偏小	（1）及时排除集沙罐中泥沙； （2）控制好通过过滤器的流量
砂石过滤器进、出口间的压力差超过原压力差0.02MPa	（1）水中的污物、泥沙堵塞介质空间； （2）过水量不均匀	（1）加入适量的氯或酸进行反冲洗，定期除去过滤器上层受污染的介质，并补充部分干净介质； （2）检查反冲洗时排出的杂质，适当增加反冲洗的时间
筛网过滤器进、出口间的压力差超过原压力差0.02MPa	（1）灌溉水源比较浑浊； （2）过滤器滤网堵塞	（1）冲洗过滤器网芯； （2）冲洗过滤器金属壳内的污物
肥料罐进、出口间的压力差远小于0.05MPa	（1）主管道阀门开启度过大； （2）肥料溶解不充分，未溶解固体堵塞罐体	（1）调整好施肥罐之间的阀门开启度； （2）将肥料进行充分溶解

表6-3　滴灌系统常见故障及排除方法

常见故障	可能原因	排除方法
压力不平衡： （1）第一条与最后一条支管压差大于0.04MPa； （2）滴灌带首端与末端压差大于0.02MPa； （3）首部枢纽进出口压差大，系统压力偏低	（1）支管首部未设调压阀（除最后一条支管外，各支管首部都应设调压阀）； （2）支（毛）管或连接部位漏水； （3）过滤器堵塞、阀门未开启、机泵功率不够； （4）系统设计有误	（1）设置调压阀； （2）检查管网并处理； （3）反冲洗过滤器，清洗过滤器，检查机泵、阀门或电源电压； （4）根据系统面积调整设计
滴灌带上滴头流量不均匀，某些滴头出水少甚至不出水	（1）系统压力过小； （2）水质差过滤失效，泥沙进入滴灌带堵塞； （3）滴灌带铺设过长，管道漏水	（1）检查系统压力并进行调整； （2）检查过滤器滤网有无破损并立即更换，滴水前或滴水结束时冲洗管路； （3）冲洗管网排除堵塞杂质，分段检查，更新或重新布设支管
滴灌带漏水	（1）滴灌带有砂眼； （2）播种铺带时滴灌带受损； （3）放苗、除草等田间作业损伤滴灌带	（1）酌情更换部分滴灌带； （2）把好滴灌带铺设关。播种机铺设滴灌带时，导向轮应成90°角，且导向轮环应转动灵活，各部分与滴灌带接触处应顺畅无阻； （3）田间作业时应注意保护滴灌带
滴灌带边缝漏水或爆裂	（1）系统压力过大，超压运行； （2）滴灌带质量问题，边缝没有粘牢	（1）调整压力，使滴灌带进口处压力小于0.01MPa； （2）更换滴灌带
田间地面普遍积水	（1）田间管网漏水； （2）滴灌带上滴头流量偏大	（1）检查管网，更换受损部件； （2）测定土壤质地和滴头流量，分析原因，缩短滴水持续时间

第七章 大田膜下滴灌水管理

第一节 与灌溉有关的土壤基本知识

第二节 张力计在滴灌灌溉中的应用

第三节 滴灌灌溉水管理

设计灌溉制度是按该滴灌系统内耗水最大作物高峰耗水期作物需水要求确定的。不同作物和同种作物不同生育阶段需水要求不同。具体运行时，究竟何时灌水、灌多少水，则应根据作物需水要求和土壤水分状况而定。同时，还必须考虑水源的供水情况。

第一节 与灌溉有关的土壤基本知识

● 要点提示：了解土壤质地与结构，熟悉土壤的三相组成。

土壤是作物所需水分的储蓄场所，人们一般称根系活动层土壤为土壤水库。

灌溉或降雨时，土壤水库充满水，随后由于蒸发和蒸腾作用，土壤水库中的水分逐渐消耗，当土壤含水量降低到作物允许含水量下限时，必须进行灌溉，从而进入到新的循环周期。

滴灌规划设计中的许多基本参数与土壤性质有关，了解掌握土壤基本知识是非常重要的。

一、土壤质地与结构

土壤质地是指在特定土壤或土层中不同大小类别的矿物质颗粒的相对比例。

土壤结构是指土壤颗粒在形成组群或团聚体时的排列方式。

土壤质地与结构两者一起决定了土壤中水和空气的供给状况，是影响滴灌情况下土壤水分分布和湿润模式的最主要和基础因素。

1. 土壤质地

土壤质地是根据砂粒、粉粒与黏粒的不同组合分类的。指测法鉴定土壤质地见表7-1。

表7-1 指测法鉴定土壤质地

质地类型	在手掌中研磨时的感觉	用放大镜观察	干燥时状态	湿润时状态	揉捻时的状态
砂土	砂粒感觉	几乎完全由砂粒组成	土粒分散不成团	流沙不成团	不能揉成细条
砂壤土	不均匀，主要是砂粒的感觉，也有细土粒的感觉	主要是砂粒，也有较细的土粒	用手指轻压能碎裂成块	无可塑性	揉成的细条易碎成小段或小瓣
壤土	感觉到砂质和黏质土粒	还能见到砂粒	用手指难于捏破干土块	可塑	能揉成完整的细条。在弯曲成圆环时裂开成小瓣
壤黏土	感到少量砂粒	主要有粉砂或黏粒，几乎没有砂粒	用手指不能压碎干土块	可塑性良好	易揉成细条，卷成圆环时有裂痕
黏土	很细的均质土，难于研成粉末		形成坚硬的土块，用锤击难于使其粉碎	可塑性良好，呈黏糊体	易揉成细条，卷成圆环时不产生裂痕

植物有效水一般指土壤田间持水量与永久凋萎点之间所能保持的水量。田间持水量是土壤内所有重力水都充分排除后所能保持的水量；永久凋萎点是植物不再能获取足够的水以满足最小的蒸腾需要时的土壤含水量。

植物有效水主要与土壤质地有关。总体上讲，排水良好的砂性土有效持水量低，而粉砂壤土、黏壤土和黏土则有较高的持水能力。不同质地土壤有效含水量的一般数值范围见表7-2。土壤水分与土壤质地的通用关系见图7-1。

表7-2　不同质地土壤有效含水量范围

土壤质地类型	土壤有效含水量（cm/m）
极粗砂	3～6
粗砂—砂壤	6～10
砂壤—细砂壤	10～14
极细砂壤—粉砂壤	12～19
砂黏壤—黏壤	14～21
砂黏—黏土	13～21
泥炭土与腐殖土	17～25

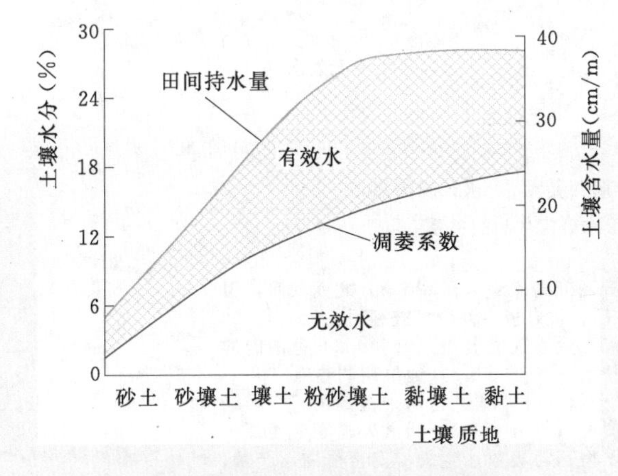

图7-1　土壤水分与土壤质地的通用关系

2. 土壤结构

土壤结构影响水和空气进入土壤及在其中移动的速率，也影响根的穿透和土壤营养供应状况。

单粒土，如松散砂土，水分渗透很快。而团块土，如某些黏土，水分移动很慢。最适宜的水分关系常见于棱柱状、块状和团粒结构的土壤。板状结构阻碍水分向下运动。

土壤结构不同于土壤质地，它在耕作深度范围内是可以改变的。适当的耕作和增加土壤有机质可改善土壤结构；不恰当的耕作或用含有大量钠离子的水灌溉会破坏土壤结构。

二、土壤孔隙

土壤孔隙指土壤中除土壤颗粒以外的其余空间。

空隙体积占土壤体积的百分比称为土壤孔隙率。

土壤质地和结构决定土壤孔隙率和孔隙的分布。轻质地土壤的孔隙率在35%～40%之间，中质地土壤约为50%左右，结构均匀的黏重土壤可达60%。

土壤孔隙大小的变化很大，为了便于应用，以孔径0.05mm为界线，将孔隙分为小孔隙（毛管孔隙）和大孔隙两类。黏重土壤中大部分孔隙为毛管孔隙，而砂土中大孔隙则占总孔隙的大部分。

第二节　张力计在滴灌灌溉中的应用

● 要点提示：了解张力计的基本原理和使用方法。

张力计是测定土壤水所承受压力的仪器，这种压力通常是负压，故又称负压计（图7-2）。这种负压叫做土壤水分张力或水分吸引压，它表征了作物根系吸水的难易。张力小，作物根系从土壤中吸取单位水分所需要的能量少；张力大，作物根系从土壤中吸取单位水分所需要的能量多。

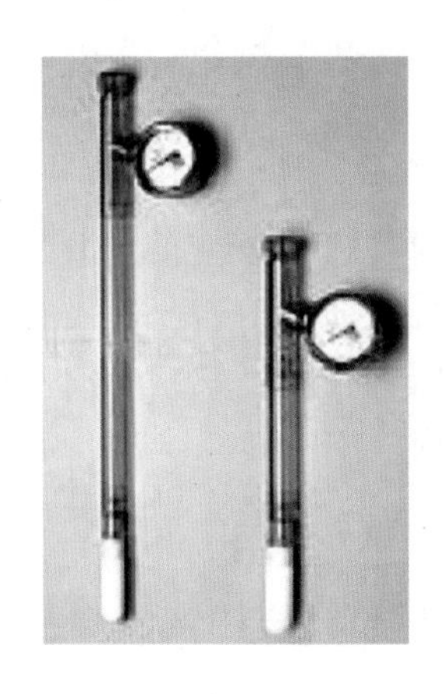

图 7-2 张力计

一、张力计基本原理

在选定位置的土壤中埋入多孔质陶瓷管头，用塑料导管与真空表密封相连，装满水，使土壤水通过陶瓷管头的多孔体壁与管内的水呈水理学连接（只通水不透气）。当土壤干燥时，土壤从陶瓷管吸水，张力计内形成局部真空，真空表指出读数；当灌水时土壤变湿，水再吸回到张力计内，真空表读数下降。真空表读数通常以 pF 值表示：pF 值是张力（负压或吸力）头的水柱厘米数的对数。pF 值为 1 即张力头是 10cm 水柱；pF 为 2，张力头为 100cm 水柱；依此类推。不同土壤虽然水分含量不同，但其田间持水量、生长阻碍点、早期凋萎点和永久凋萎点的水分张力（pF 值）是相同的。根据作物对土壤水分的吸收利用进行土壤水分分类，pF 值与土壤水分常数间的关系见图 7-3。

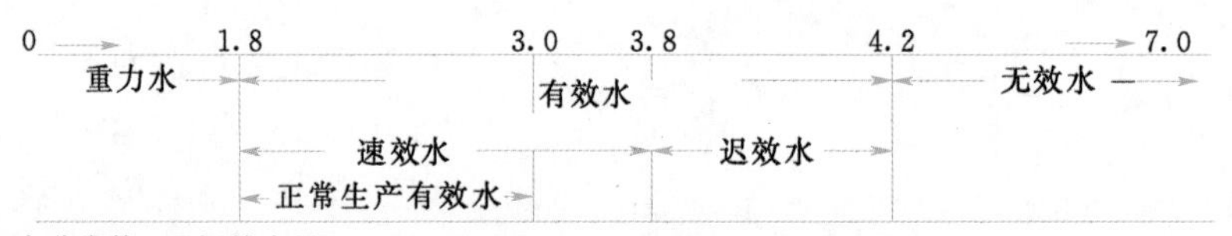

图 7-3 pF 值与土壤水分常数间的关系

注：

1. 重力水：是饱和持水量（pF=0）到田间持水量（pF=1.8）之间的水，因短时间内（1～2d）在重力的作用下流向下层，仅有极少部分可被利用。

2. 有效水：是从田间持水量（pF=1.8）到永久凋萎点（pF=4.2）范围内的水分。有效水分又分：①速效水：是田间持水量（pF=1.8）到早期凋萎点（pF=3.8）之间的水分，这种水作物较易吸收，土壤水分若维持在这个范围内，作物基本上不会发生凋萎现象；②迟效水：早期凋萎点（pF=3.8）到永久凋萎点（pF=4.2）之间的水分，在这个范围内的水分作物不易吸收，生长、发育受阻，产量、品质下降。

3. 无效水：是永久凋萎点（pF=4.2）以下的水分，因有强大的吸引压，作物不能吸收利速效水分中，田间持水量（pF=1.8）到作物生长受阻水分点（pF=3.0）的水分称正常生育有效水分（作物的最优含水量均在此范围内）。为了保证作物稳产高产，土壤水必须维持在这个范围内。张力计的 pF 值范围为 0～3.0，正好能控制这一范围，故能成功地用于指导灌溉。

二、用张力计指导灌溉的一般方法

1. 张力计的安装

安装之前，必须对张力计进行检验。比较简单的一种方法是：取下顶部的橡胶塞，灌满水（加入张力计的水必须是经过煮沸或经真空系统处理的无空气水）。待无气泡后，塞好橡皮塞，放在空气中让其逐渐干燥。待达到高张力时，将瓷管头放在水中。此时真空表读数应在几秒钟内降低，约 3～5min 后回到零。对于漏气和不回零的张力计，应进行修理和标定后方可使用。

张力计的安装，应在每个轮灌区中选择一个有代表性、比较安全、观测比较方便的地方埋设。

大田作物一条滴灌带往往控制几行作物，应在距离滴灌带一定距离的两滴头间两行作物中间装设，只装设一只张力计，其埋设深度要使瓷管头位于作物根系密集层的中部。

瓷管头不结实，埋设时切忌插埋。可先用与张力计的瓷管头直径相同的开口小钻垂直钻孔至插埋深度，然后将张力计插入（务必竖直），填好后，用细棍捣实，使土壤和瓷管头接触良好，以保证瓷管头的水膜与土壤水膜发生水力联系。

2. 张力计的观测和水分管理

张力计埋好后，取下顶部的橡胶塞，灌满凉开水（不含空气的脱气水），待无气泡后，塞好塞子，一小时后即可观测。连续使用时，要注意仪器上部透明部分有没有水，无水或有气泡时，要取下塞子，加水排气重新塞好。读数时应轻敲真空表，以消除摩擦力，使指针达到应指的刻度。

一般宜在早晨定时观测，以消除气温变化对测量精度的影响。

当 pF 值达到上限时开始滴水，灌到 pF 值接近 1.8 时停滴。由于不同种类的作物、同一作物不同阶段对水分的要求不同，作物生长的地区条件如气候、土壤等不同，其耗水情况也不一致。故合理的滴灌制度应根据当地的田间试验或参考生产实践经验来确定。

需要说明的是：土壤质地不同，其保水和持水力也不相同，因而它们保证作物正常生育的有效水分数量也不相同。保水率差的（轻质土）其保证作物正常生育有效水分的数量较少，宜采取低张力水分管理。

第三节 滴灌灌溉水管理

● 要点提示：了解作物需水规律和滴灌灌溉制度，正确实施滴灌灌溉水管理。

一、作物需水的基本规律和滴灌灌溉制度

大田作物从种到收，不同生育阶段所需要的水量是不一样的，其规律均呈正态分布（像一座平顶山头，见图 7-4）。

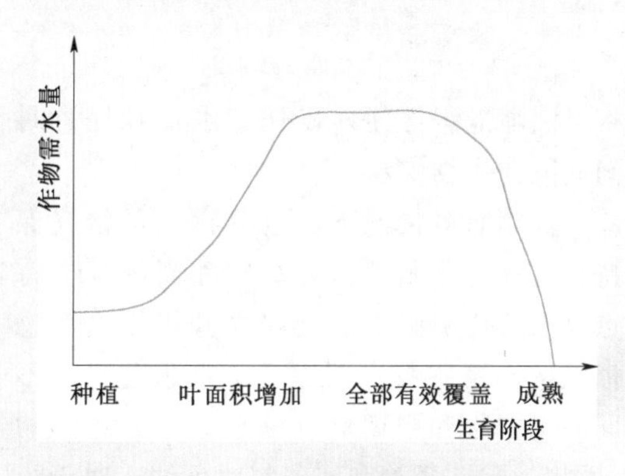

图 7-4 作物需水量变化示意图

明确这一点是非常重要的，只有明确了这一点才能正确设计灌溉制度，并清楚运行管理中如何正确执行灌溉制度。作物

系数就是在这一理念下产生的。

灌溉制度是解决灌溉系统什么时间给作物灌水和灌多少水的问题。

合理的灌溉制度应是天、地、物的统一协调，不仅保证作物高产、优质、低耗，而且要考虑到长远的可持续发展。

虽然作物的需水规律不因灌溉方法的改变而改变，但由于不同的灌溉方法的供水方式不同、耗水量差异较大，因此，其灌溉制度也应该是不同的。滴灌条件下与其他灌水方法的最显著区别在于高控制性（只要水源有保证想什么时候灌水就什么时候灌水）和精准性（灌水比其他任何方法都节约和准确），能将作物根区的水肥气热状况维持在一个最佳水平。

因此，滴灌作物的灌溉制度应充分利用这些特点和优势，以获得农作物的优质和最佳的经济、生态效益。

二、与灌溉制度有关的几个概念

1. 高频灌溉

滴灌能很方便地以任意水量和任意时间间隔向作物供水。

高频灌溉情况下，土壤含水量始终保持在最佳含水量范围。高频灌溉的基本特点是保持均衡而小的土壤水分张力（作物根系从土壤中吸水用力小，吸水容易，不同灌溉方法和周期对土壤水分张力的影响见图 7-5）。理论和实践都已证明，对于绝大多数作物而言，高频灌溉的效果是显著的，其产品产量和品质都得到较大幅度的提升；缩短灌水时间间隔对于含盐水灌溉砂土地尤其重要。

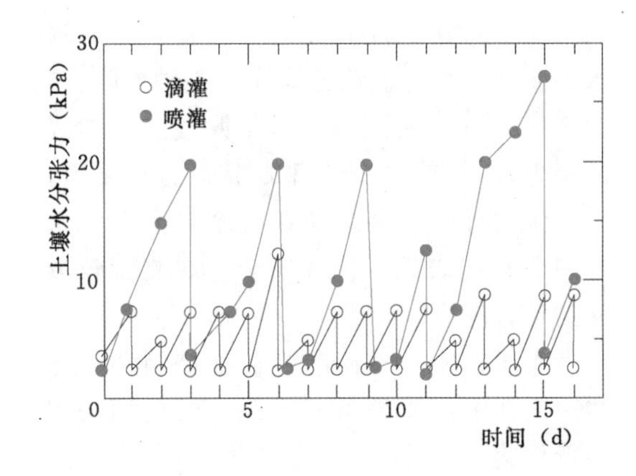

图 7-5 不同灌溉方法和周期对土壤水分张力的影响

所以滴灌的灌水周期应尽可能的短，以充分发挥滴灌的优越性。

2. 重视并利用“土壤水库”的调蓄作用

壤土和黏性土土壤，特别是富含有机质的结构良好的土壤，对土壤水分的调蓄作用是非常明显的；充分利用“土壤水库”的调蓄作用是非常重要的。滴灌只是部分地湿润土体，灌溉制度显得更加重要，若掌握不好，作物极易受旱。

滴灌系统设计灌水率是按作物耗水高峰期月份的日平均耗水强度设计的，并非作物最大日耗水量，需要在作物根区有一定的水分储备，以备在出现极值耗水量情况下保证作物的正常生长。

因此，在作物生育前期耗水量低的时候，水源也比较丰富的时候，在不发生深层渗漏损失的前提下，应有意地加大灌水定额，向作物根区土壤中多灌一些水存储在土壤中，备作物高峰需水期（或万一系统出故障时）供不应求时利用。此外，为了促进作物根系的伸展，生育前期多灌一些水促使较大的土体得到湿润也是必要的。

3. 计划湿润土层深度

在作物整个根系层内，一般上部根系比较活跃，吸收作物所需的大部分水分，供给作物80%～90%水分的根系深度为有效根系深度。

计划湿润土层深度指作物高峰耗水期的有效根系深度。

作物根系有向水向肥性，对于同一种作物，由于土壤和灌溉方式的不同，有效根系土层深度是不一样的，特别是滴灌情况下，作物有效根系主要在土壤近地表层发育，因此相对其他灌溉方法而言，有效根系层深度可能较小。

对于像玉米这样的高秆作物，为防止倒伏应注意采取蹲苗技术引导根系下扎，滴灌灌水必须保证灌到一定深度。

应通过试验确定科学合理的计划湿润土层深度。

4. 适宜土壤含水量

对作物产量和质量无显著影响的允许最低土壤含水量称为临界含水量。

临界含水量随着作物、土壤种类和气候而变化，可以通过田间试验以不同的标准确定。

一般以最高水分生产率或最高产量来确定临界含水量。

田间持水量（重力水下渗后土壤中的含水量，一般采用灌完水24h后进行测量）和临界含水量之间的含水量称适宜含水量。

5. 滴灌设计灌水定额

一般情况下，滴灌系统的设计灌水定额是按滴灌系统最大净灌水深度计算公式考虑一定的水损失来确定的。

6. 最大设计灌水周期

滴灌条件下的设计灌水周期为作物耗水高峰的允许最大灌水周期，灌水周期与每次的净灌水深度、作物根系深度、水源和管理等有关。

滴灌的突出优点是能根据作物需水要求，适时、适量地向作物根系活动层补充水分，使根区土壤水、肥、气、热状况始终保持在最佳状态。

所以，滴灌的灌水周期在可能的情况下，应尽量地短，以充分发挥滴灌的优越性。

7. 设计灌水延续时间

与设计灌水周期相反，设计灌水延续时间在可能的情况下，应尽可能地长，以减少轮灌组数、提高设备的利用率，降低系统管网造价。

影响灌水延续时间长短的关键因素是滴头流量的大小。在可能的情况小应选择小滴量滴头。

三、大田膜下滴灌水管理的实施

必须强调指出：滴灌设计灌溉制度和平常所实施的灌溉制度是两码事。

滴灌设计灌溉制度主要解决的是滴灌系统供水能力问题，即系统容量问题（满足该系统内耗水最大作物高峰耗水期作物需水要求）。

在不同作物和同一作物的不同生育阶段具体运行时，究竟何时灌水、灌多少水，则应根据作物需水要求和土壤水分状况而定，同时还必须考虑水源的供水情况。

1. 充分供水水源滴灌灌溉制度

当水源不受时间限制可充分保证供水时（一般以井水或续灌渠道为供水水源的滴灌系统均属这种情况）可按以下方法进行水管理。

（1）水管理控制指标。以土壤水分的消长作为控制指标进行灌溉。尽量将土壤水分控制在最适宜的土壤含水量范围之内。最简单实用的方法是“张力计”法，或根据蒸发皿蒸发量指导灌溉。

（2）滴灌系统的工作制度。滴灌系统的工作制度即滴灌系统的运行方式，在规划设计时已经确定。实施灌水时必须严格按系统运行图进行灌溉，绝不可随意操作。

灌水量根据灌溉控制指标通过灌水时间的长短进行控制。

2. 间歇供水水源滴灌灌溉制度

除建设必要的调节蓄水池外，应根据供水周期科学地进行水管理。

必须采用较小的灌水延续时间（较大流量滴头）、较长的灌水周期，在水源供水的有限时间内，将灌水周期内所需要的水分施于作物根层土壤中。

农艺技术地域性极强，各地气候、土壤、作物及品种千差万别，必须因地制宜地确定当地的农艺措施。

第八章　大田膜下滴灌技术使用答疑

第一节　关于大田膜下滴灌技术的相关问题

第二节　关于大田膜下滴灌滴灌带和地膜使用的相关问题

第三节　关于大田膜下滴灌技术应用的相关问题

第四节　关于大田膜下滴灌技术与土壤盐渍化的相关问题

对膜下滴灌技术、产品、应用等相关问题的了解，有助于更好地使用和推广膜下滴灌技术。

第一节 关于大田膜下滴灌技术的相关问题

● 要点提示：了解大田膜下滴灌技术的创新点、迅速推广的原因、特点、革命性突出表现、使用条件以及与地下滴灌比较的优点等，有助于更好的使用膜下滴灌技术。

一、大田膜下滴灌是我国的技术创新

大田膜下滴灌是新疆科技人员、广大兵团农垦战士和农民群众在节水灌溉实践中逐步发展完善起来的一种价廉、高效的灌溉新技术。它突破了滴灌技术价格必然高昂的神话，引领了干旱区大田作物栽培的一次革命性变革。

美国是世界上的滴灌大国，除少量大田作物实验性地采用地下滴灌外，由于投资高，农场主们很少在大田作物上采用滴灌。

以色列在棉花种植中广泛采用滴灌，但基本上都是在棉花封行前将滴灌管直接铺设在地表，棉花采收前用大绞盘将其回收，存放在地头来年再用。其造价和管理费用均很高，无法与我国价格低廉、使用方便的膜下滴灌相比拟。

新疆膜下滴灌的巨大优势，迫使进入新疆的以色列、美国、澳大利亚等国家的世界著名滴灌公司全部退出新疆滴灌市场；膜下滴灌技术是促进干旱区农业向规模化、机械化、自动化、精准化方向发展的关键技术措施；是实现干旱区大田作物农业现代化的必由之路；大田膜下滴灌绝对是我国的一项重大技术创新。

宽窄行种植，利于通风透光，改善生长环境，提高作物密度，降低投资成本，增加效益，为“矮、密、早、齐、膜”的栽培技术提供了条件。膜下滴灌棉花最高产量达到了10500多kg/hm^2，创下了高产纪录。

膜下滴灌具有较强的适应性，图8－1为膜下滴灌技术在含石量高、土壤贫瘠的条件下成功应用的范例。

图8－1 含石量高、土壤贫瘠的条件下膜下滴灌技术应用成功

二、新疆大田膜下滴灌迅猛发展的主要原因

获得广大农民群众所认可的效益和效率是大田膜下滴灌迅猛发展的原动力。

2008年笔者有幸参加了全疆棉花膜下滴灌投入产出调研，兵团团场宽行大田作物基本都100％地采用了膜下滴灌，已发展到没有膜下滴灌农工不愿承包土地、不进行膜下滴灌农工不会种田的地步。大量的弃耕盐碱地被改良重新利用，生产效率和效益大大提高，年收入超过10万元的职工比比皆是，民富团强，呈现出一派欣欣向荣景象。

新疆生产建设兵团通过大田膜下滴灌技术的推广，取得的经济、社会、生态效益非常显著。主要表现在：农业增产、职工增收，职工年均纯收入由2004年的6884元提高到2008年的11849元；氮肥利用率提高30%以上，磷肥利用率提高18%以上；降低了劳动强度，同时劳动生产率和灌溉保证率提高，采用滴灌每个劳动力可管理5～7hm²，提高2～3倍，同样水量应用滴灌技术的灌溉面积是常规灌溉的1.5倍左右，灌溉保证率提高15%以上；节省了水资源，提高了水产比，比常规灌溉节水40%～50%；灌溉水利用率由0.4左右提高到了0.49左右，每立方米水产值翻了一番，对于缓解水资源的供需矛盾起到了至关重要的作用。

在新疆生产建设兵团团场显著效益的感召下，其团场周边的乡镇农民纷纷自发地效仿，在地方政府水行政部门的大力支持下率先进行了大田膜下滴灌的试验示范工作。大田膜下滴灌所显现出的无法比拟的效益和效率深深地打动了广大农民群众和地方政府，它是近几年新疆大田膜下滴灌大面积迅猛发展的主要原因。

三、膜下滴灌的最大特点

膜下滴灌技术的最大特点是：布管、铺膜与播种一次复合作业完成（覆膜栽培与滴灌技术有机结合），特别适用于机械化大田作物栽培。大田膜下滴灌是新疆人创造的新奇迹，它引领了干旱区大田作物栽培的一次革命性变革，对国民经济及社会发展以及科技进步产生了非常突出的影响；膜下滴灌技术是促进农业向规模化、机械化、自动化、精准化方向发展的关键技术措施；是实现干旱区大田作物农业现代化的必由之路，其发展前景异常广阔。

四、膜下滴灌革命性变革的突出表现

大田膜下滴灌技术革命性变革的突出表现是它成为现代化农业的技术平台：精准（精准播种、精准灌水、精准施肥等）、高效（劳动效率高、增产幅度大）、节约（节水、节能、节地、节肥等）、环保（环境友好、盐渍土改良利用等）、易控（机械化、自动化、集约化）。

五、膜下滴灌的适用条件

在推广应用膜下滴灌时，需考虑以下适用条件。

1. 适宜推广的地区

膜下滴灌的优越性在于一方面减少了棵间蒸发，同时又将灌溉水集中供应根系，从而大大提高了灌溉水的利用效率。因而它最适宜应用于地面蒸发量大的干旱、半干旱而又具备一定灌溉水源的地区。

2. 适宜应用的作物

凡适宜覆膜、穴播的作物应用膜下滴灌在技术上均无困难，主要是农户的经济效益。除棉花外，番茄、辣椒、玉米、瓜类、马铃薯、甜菜、蔬菜等作物的应用效果都很好，现已发展到在小麦、水稻栽培中使用。

3. 适宜的生产规模和管理方式

由于膜下滴灌需要管网或渠系供水，

最好具备连片条田的条件，或在一个灌溉井的范围内能统一种植和管理。

4. 适宜的设备和政策支持

质量保证、价格便宜的滴灌器材供应，技术服务保障，以及领导的重视和政策的支持均是必要的保证。在没有实现机械覆膜穴播作物的地区，应用膜下滴灌技术时应解决配套农机具的配置问题。

六、为什么不采用地下滴灌模式

地下滴灌的设计理论至今尚不成熟，实践证明，实际应用问题更多。新疆地下滴灌面积 2005 年左右曾经达到 1 万 hm^2，基本上都以失败告终。与地上滴灌比较，地下滴灌由于将毛管和滴头埋入耕作层以下，由此带来一些突出优点的同时，也带来一系列突出问题。

（1）堵塞问题。地下滴灌条件下，灌水器不仅存在和地表滴灌相同原因引起的堵塞——由于灌溉水存在微小颗粒或水质等引起的物理化学堵塞，而且还存在另外两个造成堵塞的诱因：一是灌溉管道停水后，毛管中产生的负压能够将土壤中微小颗粒吸入灌水器的微孔造成堵塞；另一点是植物根的向水性生长，可能使根侵入滴水孔引起堵塞。堵塞对于地下滴灌技术来说，是一个致命的弱点，多数地下滴灌系统的失败都归结于灌水器出口的堵塞。

（2）灌水均匀度不易控制。地下滴灌系统埋在地下，不能直接观测每个灌水器出流状况，因此，对系统运行的评价和均匀度测定非常困难。地下滴灌的均匀性灌溉不只是像地表滴灌时，受每个灌水器的工作压力均匀性、温度差异和滴头的制造偏差的影响，而且由于灌水器出口直接与土壤接触，受土壤（质地、密实度、导水性能等）的影响较大。另外，地下滴灌的灌水器易被堵塞也是造成灌水不均匀的一个重要因素。

（3）不利于种子发芽和苗期生长。地下滴灌应用于大田作物的灌溉，为了满足田间耕作的要求，滴灌毛管需要埋在一定深度以下，表层土壤的干燥或供水不充分，将影响种子的萌发和出苗，因此，在作物播种以后，若没有充足的降雨，需要采用另外一种灌溉方式以保证作物整齐出苗，增加了投资。

（4）毛管铺设行与作物播种行错位。滴灌系局部灌溉，精准地向作物根系供应水分和养分是滴灌的最突出的优势所在，对于机械化作业、面积较大的一年生作物地下滴灌系统而言，播种行与地下所埋设的毛管必须准确定位，就目前的技术水平，基本上无法办到。

由于作物播种行与毛管铺设行错位，致使作物各行受水、受肥不均匀，生长不整齐。

（5）盐碱积累和返盐问题。从理论上讲，地表滴灌在灌溉时，因重力的作用，水分是向下运动的，同时也在湿润范围内将盐碱排到湿润区的外围，使植物的根系在一个相对的弱盐区。而地下滴灌由于埋在地表以下 30～40cm 处，水分的上升是通过土壤毛细管的作用而上升，随着水分的蒸发，灌溉时盐分向表层的聚集是不可避免的。在干旱地区盐碱地上采用有可能产生盐害问题。

(6) 运行管理要求高。由于地下滴灌系统埋于地下，系统发生故障后，检查、维修时间长，费用高，因此，对系统的日常管理要求严格，如定期冲洗支管和毛管等。

七、大田膜下滴灌与地下滴灌比较有哪些突出优点

大田膜下滴灌与地下滴灌比较其突出优点如下。

(1) 采用一次性滴灌带，堵塞几率大大降低。

(2) 理论成熟，灌水均匀性易控制。

(3) 滴灌带铺设简单容易不增加机械作业量。

(4) 能与作物栽培密切配合准确定位。

(5) 特别有利于作物种子发芽和苗期生长。

(6) 有显著的抑制盐碱聚积效果，若措施得当，不会造成盐碱积累和返盐。

(7) 运行管理要求低。

(8) 造价比地下滴灌低很多。

八、为什么说大田膜下滴灌促进了我国滴灌产业链的发展壮大

大田膜下滴灌前后延伸形成了节水农业产业链：塑料化工—塑料节水器材—滴灌工程（设计施工运行管理等）—节水农业。

经过10年的发展，新疆大田膜下滴灌器材产业已形成了以天山南、北坡为两带，石河子市为中心的产业格局，其中“膜下滴灌”的发源地石河子成为新疆乃至全国节水器材产业的核心基地，该地区仅滴灌带生产企业已超过百家。

目前，全新疆处于稳定生产的各类塑料节水生产企业（含个体工商户）已超过600家，其中地膜及滴灌带生产企业有350家以上、管材生产企业130家以上。拥有各类生产线超过4000条，其中滴灌带线3000条，管材线450条，地膜机组600台以上。滴灌器材总生产能力将近100万t/a规模。

我国滴灌面积的急剧增加，最主要是大田膜下滴灌面积的迅猛发展。大田膜下滴灌面积占滴灌面积的90%以上。目前，仅新疆的大田膜下滴灌面积已发展到180万hm^2，发展到辽宁、吉林、黑龙江、内蒙古、甘肃、云南、广西等省（自治区）的面积已超过200万hm^2，并以每年30万hm^2的速度在增长，由此带动我国滴灌产业链迅猛发展壮大。

九、大田膜下滴灌技术的缺点和问题以及解决措施有哪些

大田膜下滴灌技术在使用过程中，易出现以下问题。

(1) 地膜造成的白色污染问题。必须使用满足规范所要求的易于回收的大田膜下滴灌用地膜，尽量避免地膜碎块残留在土壤中。

(2) 作物根系上浮问题。灌溉制度不合理，一味勤浇浅灌易产生该问题。应实施科学的灌溉制度，该蹲苗的一定要蹲苗，迫使作物根系向下深扎。每次灌水应保证灌到作物根系密集层。

(3) 滴灌带的回收再利用问题。大田膜下滴灌每年铺设到田间的滴灌带量非常

大，需要回收处理再利用。不少厂家在生产新滴灌带时加入回收料太多或回收料中的杂质超标，其滴灌带质量太差，严重影响使用效果。应规范和提高回收料的质量和用途，严格规范并采取有力措施，保证滴灌带的出厂质量。

第二节 关于大田膜下滴灌滴灌带和地膜使用的相关问题

● 要点提示：滴灌带是大田膜下滴灌技术的关键产品，地膜是大田膜下滴灌技术必不可少的有机组成部分，了解滴灌带和地膜的相关问题，有助于更好地理解膜下滴灌技术的内涵和使用膜下滴灌技术。

一、大田膜下滴灌为什么用一次性滴灌带

一次性滴灌带的优势如下。

（1）价格低廉，一次性滴灌带每米约0.12～0.25元，不到同管径内镶式滴灌管价格的1/10；仅为一般滴灌带价格的1/3～1/2。

（2）堵塞几率小，同样水质情况下滴灌带的堵塞几率与使用时间有关，使用时间越长堵塞几率越大，使用时间越短堵塞几率越小；一次性滴灌带仅使用一个作物生育期，满打满算4～5个月，其堵塞几率很小。

（3）避免了多年使用滴灌带的老化问题。

（4）避免了多年使用滴灌带难度极大的滴灌带回收保管问题。

（5）避免了多年使用滴灌带难度更大、甚至无法解决的重新铺设问题。

二、滴灌带铺于膜下与滴灌带浅埋哪种方式好

滴灌带铺设于地表，春天刮大风时常常发生地膜和滴灌带被大风刮跑的严重自然灾害。

实践证明，滴灌带浅埋于地下可避免这种灾害发生；滴灌带浅埋于地下3～5cm，由于滴灌带仅仅在一年生作物上使用一个生育期（3～5个月），与铺设于地表比较，滴灌带出水量及其堵塞情况变化不大；铺膜布管播种机稍加改造即可实现铺膜、布设并浅埋滴灌带、播种一次作业完成，难度不大，增加费用不多；滴灌带浅埋于地下其老化情况会有所改善，对滴灌带的用后回收将会有利；可以减少因滴灌带吸热而造成的地膜老化的现象；当水滴与滴灌带距一定距离时，可避免膜下水滴形成透镜，产生对滴灌带的灼伤破坏。

应根据当地气候、土壤等具体情况确定将滴灌带铺于地表或浅埋于地下3～5cm。

三、膜下滴灌对所使用滴灌带有哪些具体要求

制造偏差越小，说明产品质量越好，采用制造偏差小的滴灌带，在正确设计施工安装和运行管理情况下，其灌水均匀度必然较高。滴灌带国际通用标准如下。

优等品：$C_v \leqslant 0.03$（流量偏差不大于3%）

一般品：$0.05 < C_v \leqslant 0.07$（流量偏差大于5%，不大于7%）

废品：$C_v > 0.1$（流量偏差大于10%）

滴头水头指数变化在0～1之间，值越

大，随着滴灌带内压力的变化，滴灌带上滴头的出水量变化越大（流量对压力的变化越敏感）。显然，水头指数越小越好，水头指数越小，随着滴灌带内压力的变化滴灌带上滴头的出水量变化越小。滴灌带的水头指数一般在0.4～0.6之间。购置滴灌带时应选择滴头水头指数小的滴灌带。

其他要求见相关规范。

四、为什么千万不能在滴灌带上扎眼

在推广滴灌过程中不时发现少数农民群众为了给自己的地里多灌些水，在滴灌带（或管）上扎眼，这样做的结果往往会弄巧成拙。

滴灌带是大田膜下滴灌技术最关键的设备，滴灌的学问就主要在滴灌带及其带上的滴头上。正常情况下压力水通过滴灌带上的滴头将压力水变成无压水一滴一滴流出，以使整个滴灌带上的滴头出水基本均匀。

如果扎了眼，滴灌带中的水将从眼中喷出，有眼的地方流出的水是多了，但会使滴灌带中的水压大大降低，滴灌带上的其他滴头出水量将会大大减少，甚至不出水，严重破坏滴灌系统浇水的均匀性。

五、大田滴灌是否可以不铺设地膜

在有效降雨（一次降雨不小于10mm）较多的地区，灌溉只是补充，为了充分利用有效降雨大田滴灌可以不铺地膜；如果当地温度太高（如吐鲁番），气候条件不宜采用地膜栽培，大田滴灌时可不铺设地膜；如果当地可以采用地膜栽培，最好铺设地膜，其好处如下。

（1）保墒，大大减少作物棵间的耗水损失，特别是在作物封行前。

（2）提高地温，特别是早春地温较低时。不铺地膜当然不是严格的大田膜下滴灌，可称为大田滴灌。

六、膜下滴灌对配套地膜的要求

使用地膜造成的白色污染必须给予高度重视，因此膜下滴灌对配套地膜也有要求。必须用厚度0.008mm的地膜；0.004mm和0.006mm厚度的地膜均不能使用。

对膜下滴灌配套地膜的最基本要求是使用后易于回收，残留在土壤中的地膜尽可能少。

第三节　关于大田膜下滴灌技术应用的相关问题

● 要点提示：了解大田膜下膜下滴灌技术应用的相关问题，能更好地了解滴灌技术应用中出现的问题，使用膜下滴灌技术更加得心应手。

一、降雨较多的补充灌溉区采用膜下滴灌应注意的主要问题

1. 首先应注意雨水的充分利用问题

覆膜意义不大可不覆膜；若仅早春需要覆膜，早春过后揭膜；若覆膜有一定意义，用窄膜，膜间留一定裸地以便雨水渗入。

2. 应充分考虑设计耗水强度的正确选取问题

仅早春干旱需要灌溉，其他季节雨水充足情况下，按早春作物耗水强度作为设计耗水强度进行设计。但应考虑作物倒茬

问题，应按该时期耗水量最大作物进行设计。

作物需水高峰期有可能遭受干旱，有时会有抗旱需求。应按作物需水高峰期的耗水强度确定设计耗水强度。

既有春旱又可能有秋旱的地区，应按二者中耗水强度大者进行设计。

3. 利用滴灌系统施肥

为充分发挥滴灌系统效益，降雨充分季节可利用滴灌系统进行施肥灌溉，提高肥料利用率。

二、播种、铺膜、布管一次作业机具的改装是否复杂

在现有铺膜播种机的基础上稍加改装即可；新疆建设兵团各团场机耕队均可自行改装，县和县以下农机修造厂家均能承担。

三、一家一户的小农经济如何采用大田膜下滴灌技术

农业向规模化、机械化、自动化、精准化方向发展是不以人们意志为转移的客观规律，因为它特别高效。一家一户的小农经济与非常适宜于规模化、机械化、自动化的大田膜下滴灌存在突出矛盾。为适应小农经济而特设的滴灌系统不是不行，但肯定是很不经济的，运行中问题会很多。通过各种措施，如土地置换调整、股份制等统一规划设计、合伙规模经营才会获取较高的经济效益（如图 8－2，农户正在用小四轮布管、铺膜、播种机作业），对大家都有利；新疆南、北疆不少县市创造了许多值得借鉴的好经验。农民兄弟应突破旧思维、发挥聪明才智，坚定地走农业规模化、集约化的道路。

新疆膜下滴灌辣椒（图 8－3）产量由原来的 5250kg/hm^2（干）增加到 9000kg/hm^2（干），每公顷增收 13500 元。

图 8－2　小四轮布管、铺膜、播种机作业

图 8－3　膜下滴灌辣椒

四、哪些大田作物采用膜下滴灌具有优势

理论和实践都已证明，在规划设计、施工安装、运行管理都正确的情况下，任何作物都可采用滴灌。因此，所有大田作

物都可采用膜下滴灌。

大田作物种类繁多，种植模式各不相同，同一作物品种不同习性各异，在采用滴灌时必须进行认真分析对待。一般情况下宽行距作物采用滴灌优势明显；密植作物因滴灌带用量大，必须进行投入产出分析，有经济效益才能采用。

首先，应在效益较高的经济作物上采用，一般情况下行距越宽滴灌带用量越少，因此越经济。其次在宽行蔬菜、油料和粮食作物上采用。棉花、加工番茄、辣椒、土豆、玉米、甜西打瓜、药材等采用膜下滴灌都具有一定优势。

密植和喜水作物如小麦、水稻等因滴灌带铺设密用量较大，应进行严格的经济分析，必须坚持有效益情况下才能采用。

膜下滴灌哈密瓜（图 8－4）株数由 12000 株/hm^2 增加到 18000 株/hm^2，商品瓜增产 18t/hm^2，增收 18000 元/hm^2 左右。膜下滴灌打瓜增产效果也较为显著（图 8－5）。

大家普遍反映，滴灌情况下作物根系均有上浮现象，主要原因可能是所实施的

图 8－4　膜下滴灌哈密瓜

图 8－5　膜下滴灌打瓜

滴灌灌溉制度不科学。作物根系有向水向肥性，不加控制地一味勤浇浅灌，必然会导致这样的结果。滴灌应该采用科学的灌溉制度，该蹲苗时要蹲苗，浇水一定要浇到一定深度。特别对于植株较高大的作物如玉米，控制不好易发生倒伏。

五、补充灌溉区如何采用大田膜下滴灌技术

上面已经提到，凡是需要进行大田作物灌溉的地方，技术上都是可行的；但经济上是否可行，需进行认真分析。只要经济上划算，当然可以采用。

例如：某地区经常春旱，其余时间降雨有保证，能否采用大田膜下滴灌，如何采用？

首先应弄清春旱可能造成的后果，算经济账，如果采用后所获效益显著，当然可以采用。但规划设计时一些重要参数，如设计耗水强度、设计灌溉制度，应根据具体需要而改变，不要因设计错误造成不必要的浪费。

对于既有春旱又有秋旱的地区，应按二者中耗水量最大作物耗水强度进行设计。其他降水量充足季节，可利用滴灌系统进行施肥灌溉。

膜下滴灌西瓜（图 8-6）和膜下滴灌马铃薯（图 8-7）产量较常规灌溉提高约20％。

图 8-6 膜下滴灌西瓜

图 8-7 膜下滴灌马铃薯

六、丘陵山区应如何采用大田膜下滴灌技术

丘陵山区，如果水源在高处，应设计成自压滴灌系统。

如果水源在低处：①在一定高程适当位置修建蓄水池，将水泵入水池储存，然后按自压滴灌系统设计和运行，该方法管理运行方便，但修建水池费用较高；②进行压力分区，直接加压滴灌，该法管理、运行比较复杂，但可省去修建水池费用。

究竟采用何种方案，应进行经济技术分析后权衡投入大小、运行费用和管理是否方便等因素后科学决策。如膜下滴灌甜菜（图 8-8）节水 40％～50％，保苗率可达 95％以上，甜菜单产 4.5t，作物单产提高 35％，每公顷增效 2700 元左右；膜下滴灌生菜（图 8-9）和管灌相比节水70％，增产 43％，每公顷增效 17850 元；膜下滴灌大白萝卜（图 8-10）和管灌相比节水 40％，增产 63％，每公顷增效18225 元。

西北地区的内蒙古、陕西、甘肃、青海、宁夏的自然状况，农业生产条件和特点与新疆相类似，东北地区的黑龙江的大庆、

图 8-8 膜下滴灌甜菜

图 8-9　膜下滴灌生菜

图 8-10　膜下滴灌大白萝卜

齐齐哈尔，辽宁的朝阳、阜新，吉林的松原、白城、长春、四平等地，水资源短缺且春旱严重，因此，膜下滴灌技术也适合在这些省区推广应用。这些年，“天业”在内蒙古阿善盟左旗、宁夏银川市林业研究所、甘肃定西县和陕西延安等地进行了膜下滴灌技术种植果林、蔬菜、棉花等作物的试验性推广应用，很受农民群众欢迎。在东北地区，引进膜下滴灌技术后，得到迅速发展，到2008年，玉米膜下滴灌面积已达5.9万hm^2。说明这项技术在水资源紧缺地区推广应用有着广阔的前景。同时膜下滴灌技术已成功走出国门，推广到塔吉克斯坦和巴基斯坦。

七、滴灌水能否满足庄稼需水要求

别小看一滴一滴的水，滴得快时1h可达8L以上；滴得慢时1h能滴2L以下，可根据需要而定；以2L/h计算，8h可滴16L。滴灌带上出水口间距一般30～40cm，100m长的滴灌带上有出水口333～250个，8h的滴水量为5328～4000L，假设滴灌带铺设间距为100cm，每公顷地上的滴灌带用量为10005m，那么，每公顷地上的滴水量为$4\times10^5\sim5.33\times10^5$L，即400～533$m^3$。以新疆棉花膜下滴灌为例：设计日耗水量为北疆5～6mm、南疆6～7mm；与其相应的每公顷日耗水量为50.03～60.03m^3和60.03～70.04m^3。显然，滴水量2L/h的滴灌带，在滴灌带铺设间距为100cm的情况下工作8h，单位面积地上的滴水量是其1d耗水量的5～10倍。

《微灌工程技术规范》（GB/T 50485—2009）规定，滴灌系统日设计工作时间可达22h。两个轮灌组情况下，滴灌带日工作时间可达11h；3个轮灌组情况下滴灌带日工作时间可达7.3h；4个轮灌组情况下滴灌带日工作时间可达5.5h。均远远超过作物的日耗水量。

滴灌系统的供水能力是按该系统内耗水量最大作物需水高峰的日平均耗水量确定的，肯定能满足庄稼的需水要求。如膜下滴灌马铃薯（图8-11），夏波蒂原种每公顷增产9397.5kg，增产34%；费乌瑞它微型薯每公顷增产17805kg，增产51.7%；

按夏波蒂原种 0.90 元/kg（商品），费乌瑞它微型薯 1.60 元/kg（种子）计，夏波蒂原种每公顷增收 8307.75 元，费乌瑞它微型薯每公顷增收 28488 元。

图 8-11　膜下滴灌马铃薯

八、滴灌带是否滴头出水量越大越好

滴头流量选择的主要依据是土壤质地。一般情况下轻质土选择较大流量的滴头；重质地土壤选择小流量滴头。因为同样的灌水量在轻质土壤上小流量滴头工作时间较长，有可能产生深层渗漏；重质地土壤上采用大流量滴头，土壤来不及渗吸会产生地表径流。

为了降低系统投资，在可能的情况下应尽量选择小流量滴头。因为，流量越小，同样直径和滴头间距的滴灌带在满足均匀度情况下的铺设距离越长，支管间距越大、管件越少、流量越分散、一些输水管道越细、系统造价越低、轮灌组越少、运行管理越方便。

在滴灌带布设方式确定情况下，所选滴头流量必须满足土壤湿润比的要求。

满足灌溉制度的要求。渠水水源受轮流配水的限制，如果在规定的灌水周期内和滴灌系统日最大允许工作小时数内，不能将整个灌溉面积灌完，在不增加滴头数量的情况下，就需要重新选择更大流量的滴头。显然，这将大大增加系统的投资费用，极不合理，是不得已之举。

“天业”陈林同志采用滴头流量不到 1L/h 的滴灌带进行大面积膜下滴灌水稻（图 8-12）试验，验收 1.33hm^2 实测单产达 10933.5kg/hm^2。

九、采用大田膜下滴灌技术时作物栽培模式是否需要改变

采用大田膜下滴灌情况下作物栽培模式应该适当改变。

作物根系有向水向肥性，枝叶有争光性。只要单位面积作物株数保持不变，产量不但不会受影响，因滴灌的优势反而会更高。

单位面积上的滴灌带用量是构成大田膜下滴灌系统每年投入的最主要部分。为了提高效益，在可能的条件下应尽量减少单位面积上的滴灌带用量，即加大滴灌带间距。

图 8－12 膜下滴灌水稻

理论和实践都已证明，在其他各种条件相同且保证必需的通风透光条件下，单位面积产量与单位面积植株数呈正相关。

作物不但根系有向水、向肥性，其枝叶也有一定的争光照和空间的能力。因此，利用滴灌局部、高频灌溉能经常保持作物根区土壤处于最佳水肥范围的特点，完全可以根据土壤质地情况适当地缩小受水行中作物的行距和株距，加大非受水行之间的距离，实行宽窄行种植。只要保证单位面积上的作物植株数不变，产量一般是不会受影响的。

作物栽培的地域性很强，应在当地常规灌溉栽培经验的基础上进行调整，在进行较大面积的中间试验取得经验后再进行推广。

第四节 关于大田膜下滴灌技术与土壤盐渍化的相关问题

● 要点提示：了解大田膜下滴灌技术与土壤盐渍化的问题，正确理解和应用膜下滴灌技术。

一、为什么采用大田膜下滴灌能有效利用盐碱地

内陆干旱半干旱地区的盐碱地主要是因为降雨稀少、蒸发强烈，由于地下水位过高，大量的地下水通过土壤的毛细作用上升到地表，水分蒸发到大气中，但所带盐碱都积聚在土壤表面，盐碱随水而来、随水而去，因为没有足够的降水将其淋洗带走，日积月累就形成了盐碱地。

要想利用盐碱地，首先必须设法降低地下水位，使其降到临界水位以下；其次要把地表所积聚的盐碱设法淋洗到作物根系层之外。满足这两个条件后才能采用膜下滴灌有效利用盐碱地。

采用膜下滴灌能抑制地表蒸发避免盐碱向地表聚积，膜下滴灌不产生深层渗漏不会人为抬高地下水位，加之滴灌勤浇浅灌能使作物根系层盐碱含量始终维持在灌溉水所含盐碱量之内，因此能有效利用盐碱地。

竖井排灌不仅能有效降低地下水位，而且可就地解决灌溉水源。实践证明，竖

井排灌加膜下滴灌是改良利用盐碱地的最有效方法。

二、南疆等无大的降雨和冬季积雪的地区如何正确采用大田膜下滴灌技术

在降水很少的干旱区，特别是盐渍土地区，例如新疆南疆、东疆地区，天然降雨或春季融雪水不能将盐分淋洗到根层以下，应根据地下水埋深和排水系统是否完善，有针对性地采取对策。

地下水位在临界水位以下，排水系统完善情况下：①每年利用水源充足的季节，彻底洗盐一次，或播前灌采用地面灌压碱洗盐后实施膜下滴灌；②也可在播种后利用滴灌系统本身，采用加大灌水量的办法进行淋洗。

地下水位在临界水位附近，排水系统不完善情况下，如有条件，最好就地打井抽取地下水进行膜下滴灌；无打井抽取地下水条件情况下，必须首先完善排水系统，然后采用以下方法：①每年利用水源充足的季节，彻底洗盐一次，或播前灌采用地面灌压碱洗盐后实施膜下滴灌；②在播种后利用滴灌系统本身，采用加大灌水量的办法进行淋洗。

三、为什么北疆地区不会发生因采用膜下滴灌而造成土壤次生盐渍化问题

北疆地区的降水量较多，特别是冬季有较大的积雪，开春积雪融化后能将土壤表面积聚的盐碱淋洗到根系活动层以下。因此，北疆地区不会发生因采用膜下滴灌而造成的土壤次生盐渍化问题。

四、东北、内蒙古采用大田膜下滴灌有无产生土壤次生盐渍化的担忧

东北、内蒙古地区气候条件优于新疆南疆地区，至少与新疆北疆地区情况相似，有一定的有效降雨，冬季有较厚积雪，如果原来不是盐碱地，正确使用情况下，不用担心采用大田膜下滴灌会产生土壤次生盐渍化。

如果由于地下水位高，原来就是盐碱地，首先应采取措施降低地下水位，并设法将地表盐碱淋洗，然后采用膜下滴灌。具体方法前面已有叙述。

第九章　大田膜下滴灌农艺技术标准摘要

棉花、加工番茄、玉米是大田膜下滴灌面积最大的三种作物，特将其膜下滴灌水肥管理及配套栽培措施进行介绍。

第一节　棉花膜下滴灌水肥管理

● 要点提示：了解和掌握棉花膜下滴灌技术田间水肥管理及相配套的栽培措施等。

一、灌溉管理

（1）严格按照滴灌系统设计的轮灌方式灌水，当一个轮灌小区灌溉结束后，先开启下一个轮灌组，再关闭当前轮灌组，谨记先开后关，严禁先关后开。

（2）应按照设计压力运行，以保证系统正常工作。

（3）不同区域和不同土壤质地条件下灌溉制度存在较大差异。一般情况下，北疆地区灌溉定额 3450～4200m³/hm²（345～420mm），灌水 12～14 次；南疆地区灌溉定额 4800～5250m³/hm²（480～525mm），灌水 14～16 次。灌溉定额随产量增加而有所提高。

（4）灌溉制度。

1）播种至出苗期。开春后 5cm 地温连续 5d 稳定在 12℃时可开播，一般情况下，北疆地区在 4 月上旬，南疆地区在 3 月底至 4 月初。采用干播湿出的，根据天气情况适时滴水出苗。灌水定额 75～150m³/hm²（7.5～15mm）。

2）苗期。根据土壤墒情和苗势适时补水，若需补水，一般情况下以 225～300m³/hm²（22.5～30mm）为宜，轻质土宜少量勤灌。

3）蕾期。蕾期北疆地区灌水总量 900m³/hm²（90mm），南疆地区灌水总量 1200m³/hm²（120mm），通常滴水 3～4 次，灌水周期 5～7d。蕾期头水宜晚宜大，灌水定额 450m³/hm²（45mm）。

4）花铃期。北疆地区灌水总量 2250～2400m³/hm²（225～240mm），通常滴水 5～6 次；南疆地区灌水总量 2850～3000m³/hm²（285～300mm），通常滴水 6～7 次；灌水周期 5～7d。如遇干热天气可适当增加灌溉次数和灌溉水量。

5）吐絮期。北疆地区灌水总量 450～600m³/hm²（45～60mm），通常滴水 1～2 次；南疆地区灌水总量 600～900m³/hm²（60～90mm），通常滴水 2～3 次。一般情况下，北疆地区 9 月上旬停水，南疆地区 9 月中旬停水。

6）南疆和北疆地区膜下滴灌棉花中高产量的适宜灌溉制度见表 9-1 和表 9-2。

表 9-1　南疆棉花膜下滴灌灌溉制度

生育期	灌水时间	灌水定额	
		m³/hm²	mm
播种出苗期	4 月 1 日左右	75～150	7.5～15
苗期	5 月 10 日左右	225～300	22.5～30
蕾期	6 月 5 日左右	375～450	37.5～45
	6 月 14 日左右	225～300	22.5～30
	6 月 23 日左右	225～300	22.5～30
	7 月 1 日左右	225～300	22.5～30
花铃期	7 月 8 日左右	375～450	37.5～45
	7 月 15 日左右	375～450	37.5～45
	7 月 21 日左右	375～450	37.5～45
	7 月 27 日左右	375～450	37.5～45
	8 月 5 日左右	375～450	37.5～45
	8 月 14 日左右	375～450	37.5～45
	8 月 23 日左右	375～450	37.5～45
吐絮期	9 月 1 日左右	225～300	22.5～30
	9 月 8 日左右	225～300	22.5～30
	9 月 15 日左右	225～300	22.5～30

表 9-2 北疆棉花膜下滴灌灌溉制度

生育期	灌水时间	灌水定额	
		m^3/hm^2	mm
播种出苗期	4月10日左右	75～150	7.5～15
苗期	5月20日左右	225～300	22.5～30
蕾期	6月15日左右	450～525	45～52.5
	6月25日左右	225～300	22.5～30
	7月5日左右	225～300	22.5～30
花铃期	7月12日左右	300～375	30～37.5
	7月19日左右	300～375	30～37.5
	7月26日左右	300～375	30～37.5
	8月2日左右	300～375	30～37.5
	8月12日左右	300～375	30～37.5
	8月22日左右	225～300	22.5～30
吐絮期	9月1日左右	225～300	22.5～30
	9月10日左右	225～300	22.5～30

二、施肥管理

1. 基本原则

依据棉花种植地块的土壤肥力状况和肥效反应，确定目标产量和施肥量。棉花的施肥应采用有机、无机相结合的原则，同时要注意施肥技术与棉花高产优质栽培技术相结合，尤其要重视水肥联合调控。

2. 土壤肥力分级

棉田土壤氮水平以土壤碱解氮含量高低来衡量，即小于40mg/kg、40～100mg/kg、大于100mg/kg分别为低、中、高水平；土壤磷水平以土壤有效磷含量高低来衡量，即小于6mg/kg、6～20mg/kg、大于20mg/kg分别为低、中、高水平；土壤钾水平以土壤速效钾含量高低来衡量，即小于90mg/kg、90～180mg/kg、大于180mg/kg分别为低、中、高水平。

3. 施肥量的确定

在施用有机肥的基础上，根据土壤肥力状况进行的推荐施肥量见表9-3。

4. 滴灌用肥要求

滴灌用肥料必须水溶性好，含杂质及有害离子少，各元素间既不能相互作用沉淀，也不能与灌溉水中杂质相互作用沉淀，各营养元素间无拮抗现象，以防止滴头堵塞造成肥水不均及肥效降低。滴灌肥以酸性为宜，以防止化学沉淀提高肥料利用效率，同时调节土壤理化性质。

表 9-3 滴灌条件下推荐施肥总量 单位：kg/hm^2

棉区	氮（N）			磷（P_2O_5）			钾（K_2O）		
	高	中	低	高	中	低	高	中	低
北疆	210～225	255～285	285～300	105～135	150～165	165～195	60～75	75～105	120～165
南疆	210～240	255～300	285～315	120～150	165～180	180～210	75～90	90～120	135～165

注 氮肥可用尿素（46%N）作基肥和追肥，磷肥可用三料磷肥（46%P_2O_5）和磷酸二铵（46%P_2O_5，18%N）作基肥，磷酸一铵（61%P_2O_5，12%N）可作追肥，钾肥用硫酸钾（33%K_2O）或氯化钾（60%K_2O）作基肥和追肥。

（1）基肥。在棉花播种、耕翻前，将 15～30t/hm^2 腐熟农家肥、80%的磷肥、50%的钾肥和氮肥的 20%作为基肥，混匀后撒施于地表，然后将撒施的基肥深翻。

（2）追肥。苗期滴施 1 次 2%的氮肥和 10%的磷肥，蕾期滴施 1～2 次 18%的氮肥和 10%的磷肥，初花期滴施 1～2 次 23%的氮肥和 20%的钾肥，从花期到花铃期分 3～4 次滴施 45%的氮肥和 30%的钾肥，盛铃期滴施 1 次 12%的氮肥。

（3）微肥。

1）硼肥的施用：土壤有效硼小于 0.3mg/kg 的棉田，可用 7.5～15 kg/hm^2 硼砂作苗期土壤追施，花铃期以 3kg/hm^2 硼砂喷施。如生育期发现缺硼，可在蕾期、初花期、花铃期连续喷施 0.2%硼砂 3 次，每次 750～1200kg/hm^2。

2）锌肥的施用：土壤有效锌小于 0.4mg/kg 的棉田，基施硫酸锌 15～30 kg/hm^2。如生育期发现缺锌，在蕾期到花铃期间连续喷 2 次 0.2%硫酸锌，进行根外追肥，2 次喷施间隔时间7～10d。

锰肥的施用：土壤有效锰小于 1.5mg/kg 的棉田，在苗期和生长初期连续 2 次喷施 0.1%的硫酸锰溶液。

三、配套栽培措施

1. 定苗

棉苗一片真叶时进行定苗，两片真叶时结束，严禁留双苗，做到一穴一苗，定苗后及时中耕，收获株数保证在 21 万～27 万株/hm^2。定苗后"蹲苗"，以促进棉花根系发达，培育壮苗。

2. 化控

膜下滴灌棉花全生育期一般化控 3～4 次，剂量 9～12g/hm^2，前轻后重。在棉花出齐苗后，两片子叶展平转绿进行第一次化控，长出 2～3 片真叶时进行第二次化控，第一次滴水前进行第三次化控，7 月上旬打顶结束后进行最后一次化控；在棉花生长期间，可根据气候和土壤墒情进行化控，同时以水控为主，化控为辅。

3. 病虫害防治

应选用抗病品种，播种前用种衣剂拌种。棉铃虫防治：采用冬翻和冬前铲草除蛹，播种后在田边摆放诱蛾盘或插杨柳枝诱蛾；蚜虫和红蜘蛛防治：在开春前，对室内花木及温室大棚统一检查和打药，播后对田边地头打药封锁，发现棉田虫害点片发生，应及时打药防治。

4. 冬（春）灌

膜下滴灌棉田通常应每年进行冬灌，灌水时间为 10 月下旬至 11 月上旬，灌水定额根据土壤盐分和土壤质地确定，通常为 1200～1800m^3/hm^2（120～180mm）。盐碱含量高的可根据实际另行确定。

5. 其他

（1）认真做好灌溉与施肥量的记录，记录每次灌水和施肥的时间与用量及肥料种类。

（2）详细记录主要栽培措施（定苗、化控、打顶、病虫害防治）的实施时间、技术措施、用量。

（3）统计并记录各田块的产量及品质指标（衣分、纤维长度、马克隆值）。

（4）每隔3年，在棉花收获后取土测定棉田0～20cm土层的土壤养分和盐分，确定土壤的肥力等级、施肥量、冬灌水量。

第二节　加工番茄膜下滴灌水肥管理

● 要点提示：了解和掌握加工番茄膜下滴灌技术田间水肥管理及相配套的栽培措施等。

一、灌溉管理

（1）严格按照滴灌系统设计的轮灌方式灌水，当一个轮灌小区灌溉结束后，先开启下一个轮灌组，再关闭当前轮灌组，谨记先开后关，严禁先关后开。

（2）应按照设计压力运行，以保证系统正常工作。

（3）不同区域和不同土壤质地条件下灌溉制度存在较大差异。一般情况下，北疆地区全生育期滴灌12～14次，灌溉定额3600～4050m^3/hm^2（360～405mm）左右；南疆地区滴灌16～18次，灌溉定额4350～4950m^3/hm^2（435～495mm）左右。灌溉定额随产量增加而有所提高。

（4）灌溉制度。

1）苗期。南疆地区4月中旬移栽，复播移栽可推迟到6月中旬左右；北疆4月下旬进行移栽定植。移栽后滴缓苗水，灌水定额150m^3/hm^2（15mm）。

2）开花—坐果初期。根据土壤墒情和苗势适时补水，南疆地区灌水3次，灌水定额150～225m^3/hm^2（15～22.5mm）；北疆地区灌水2次，灌水定额150m^3/hm^2（15mm）。第一水根据土壤墒情和加工番茄长势适时滴水。

3）盛果期——20%果实成熟。这一阶段是植株生长高峰期，需要充足的水分。南疆地区灌水总量1575m^3/hm^2（157.5mm），灌水5次，灌水周期5～6d，灌水定额225～375m^3/hm^2（22.5～37.5mm）；北疆地区灌水总量1650m^3/hm^2（165mm），灌水5次，灌水周期5～6d。灌水定额225～375m^3/hm^2（22.5～37.5mm）。灌溉次数及灌水定额根据气象、土壤、作物生长因素酌情调控。

4）成熟前期——采收前。加工番茄对水分的需求逐渐降低，但仍然维持较高的灌溉水平。南疆地区灌水总量2250m^3/hm^2（225mm），通常滴水7次；灌水周期6～7d。北疆地区灌水总量1650m^3/hm^2（165mm），通常滴水6次，灌水周期5～10d。进行机械采收前将支管、毛管回收，以便机械采收。采收前5～7d停止灌水。加工番茄从移栽时间和生育期长度上分为早熟、中熟、晚熟，南疆和北疆地区中高产条件下的适宜灌溉制度见表9-4和表9-5。

二、施肥管理

1. 基本原则

通常依据种植加工番茄地块的土壤肥力状况和肥效反应，确定目标产量和施肥量，加工番茄的施肥应采用有机、无机相结合的原则，同时要注意施肥技术与高产优质栽培技术相结合，尤其要重视水肥联合调控。

表 9-4　　北疆加工番茄灌溉制度表

生育期	生育阶段	早熟	中熟	晚熟	灌水定额	
					m^3/hm^2	mm
苗期	缓苗水	5月15日	5月25日	6月1日	150	15
花期	始花期	5月25日	6月4日	6月10日	150	15
	盛花期	6月5日	6月14日	6月20日	150	15
坐果期	初果期	6月11日	6月20日	6月26日	225	22.5
	盛果期	6月17日	6月26日	7月1日	300	30
	1cm果实	6月23日	7月2日	7月7日	375	37.5
	2cm果实	6月28日	7月8日	7月13日	375	37.5
	3cm果实	7月3日	7月13日	7月18日	375	37.5
成熟期	始熟期	7月9日	7月19日	7月24日	375	37.5
	少量转色	7月14日	7月24日	7月29日	300	30
	成熟10%	7月19日	7月29日	8月3日	300	30
	成熟20%	7月24日	8月3日	8月12日	300	30
	成熟50%	8月1日	8月11日	8月22日	225	22.5
	成熟80%	8月10日	8月20日	9月1日	150	15

表 9-5　　南疆加工番茄灌溉制度表

生育期	生育阶段	早熟	中熟	晚熟	灌水定额	
					m^3/hm^2	mm
苗期	缓苗水	5月1日	5月10日	5月15日	150	15
花期	始花期	5月10日	5月15日	5月25日	150	15
	花期	5月15日	5月20日	6月1日	150	15
	盛花期	5月25日	6月1日	6月10日	225	22.5
坐果期	初果期	6月5日	6月10日	6月20日	225	22.5
	盛果期	6月11日	6月16日	6月26日	300	30
	1cm果实	6月17日	6月22日	7月2日	300	30
	2cm果实	6月23日	6月28日	7月8日	375	37.5
	3cm果实	6月28日	7月4日	7月13日	375	37.5
成熟期	始熟期	7月3日	7月11日	7月18日	375	37.5
	少量转色	7月9日	7月17日	7月24日	375	37.5
	成熟20%	7月14日	7月23日	7月29日	375	37.5
	大量转色	7月19日	7月28日	8月3日	375	37.5
	成熟50%	7月24日	8月5日	8月8日	375	37.5
	成熟60%	7月29日	8月10日	8月13日	225	22.5
	成熟80%	8月3日	8月15日	8月20日	150	15

2. 土壤肥力分级

农田土壤氮水平以土壤碱解氮含量高低来衡量，即小于 40mg/kg、40～100mg/kg、大于 100mg/kg 分别为低、中、高水平；土壤磷水平以土壤有效磷含量高低来衡量，即小于 6mg/kg、6～20mg/kg、大于 20mg/kg 分别为低、中、高水平；土壤钾水平以土壤速效钾含量高低来衡量，即小于 90mg/kg、90～180mg/kg、大于 180mg/kg 分别为低、中、高水平。

3. 基肥

在加工番茄移栽、耕翻前施入 30～45t/hm² 腐熟农家肥，将加工番茄全生育期需要的全部的磷肥、钾肥以及氮肥用量的 20% 混匀后撒施，再将 15～22.5kg/hm² 的微肥硫酸锌与 2～3kg 细土充分混匀后撒施，然后将撒施基肥实施耕层深施。

滴灌加工番茄施肥推荐量及基肥用量见表 9-6。

表 9-6　滴灌加工番茄施肥推荐量及基肥用量

单位：kg/hm²

肥力水平	氮肥总量	基　肥		
	N	N	P_2O_5	K_2O
高	180～225	36～45	90～120	30～60
中	225～270	45～54	120～150	60～90
低	270～315	54～60	150～180	90～120

注　可供使用的化肥养分含量为：尿素 46%N；三料磷肥 46% P_2O_5；磷酸二铵 46% P_2O_5，18% N；硫酸钾 33%K_2O；氯化钾 60%K_2O。

4. 追肥

在加工番茄生长过程中，将剩余的 80%氮肥分 6 次分别在初花期、盛花期、初果期、1cm 果期、始熟期、成熟 20%果期灌水时随水滴入氮肥（表 9-7），以保证加工番茄高产对氮素营养的需要。

表 9-7　加工番茄追施尿素推荐量

单位：kg/hm²

肥力水平	初花期 第一次	盛花期 第二次	初果期 第三次	1cm 果期 第四次	始熟期 第五次	成熟 20%果期 第六次
高	37.5～48.75	37.5～48.75	60～75	60～75	60～75	60～67.5
中	48.75～60	48.75～60	75～87.45	75～87.45	75～87.45	67.5～82.5
低	60～67.5	60～67.5	87.45～97.5	87.45～97.5	87.45～97.5	82.5～105

注　尿素氮含量为 46%N。

三、配套栽培措施

1. 栽培要求

种植加工番茄要严格执行轮作制，要求土壤肥力中上，土层厚度 50～60cm，土壤含盐量 0.5%以下，pH 值为 7～8，前茬作物为小麦、甜菜、玉米、棉花均可，在前茬作物收获后，需要及时进行灭茬施肥秋翻。

2. 育苗

种植户可根据气候、墒情、机械准备情况，2 月下旬、3 月上旬（南疆和东疆）或 3 月上旬（北疆地区）进行温室播种、育苗。播种前应对种子进行消毒和灭菌处理。

3. 定苗

加工番茄幼苗在3～4片真叶、株高15cm左右、茎粗4mm左右、茎秆发紫、根系较多能包裹住基质时进行移栽，留苗密度根据品种及土壤肥力情况而定，一般不超过43500株/hm^2；适时中耕，第一水根据土壤墒情和加工番茄长势适时滴水，适当蹲苗，促进加工番茄根系发达，培育壮苗。

4. 顺秧

从7月初开始，将植株往两边分，10d分1次，分2～3次。分秧时将倒入沟内的植株扶上垅背，把植株顺着转一下，使果实及没见光的茎叶覆盖在见光的老叶上，保持植株间有缝隙，不互相挤压，植株不折断。

5. 病虫害防治

（1）病害防治。

1）育苗期猝倒病、茎基腐病和早疫病防治。以预防为主，出现病害时，暂停喷水，降低温室内的相对湿度，喷洒恶霉灵、代锰锌等保护性药剂。

2）脐腐病防治。1%的过磷酸钙溶液在花期叶面喷施。隔7～10d一次，连喷1～2次。

3）茎基腐病防治。喷洒72%普力克800倍液或25%的瑞毒霉800倍液。

4）番茄晚疫病防治。喷洒50%安克可湿性粉剂（450～600）g/（次·hm^2），稀释倍数2000～3000，或50%克露可湿性粉剂（600～750）g/（次·hm^2），稀释倍数600～800。

5）绵疫病防治。喷洒72%普力克800倍液，70%乙膦铝锰锌800倍液或25%的瑞毒霉800倍液。

6）叶霉病防治。喷洒72%杜邦克露800倍或50%速克灵1500倍稀释液。

（2）虫害防治。利用冬耕冬灌及田间耕作消灭越冬蛹；种植玉米诱集带，应用BT可湿性粉剂400～600倍、2.5%溴氰菊酯乳油2000～3000倍、2.5%功夫乳油2000倍，轮换应用，在产卵高峰期和幼虫孵化高峰期施药，集中诱杀棉铃虫。

开春前对温室、大棚、室内花卉和户外黄金树等蚜虫越冬场所进行药剂处理，应用2.5%溴氰菊酯乳油2000～3000倍、10%吡虫啉可湿性粉剂2000～3000倍、灭蚜菌200倍，交替使用，防治蚜虫，同时还可采用刷废机油的黄板诱杀蚜虫成虫。

在苗期、花期和结果期，应用90%敌百虫（美曲膦酯）300倍液灌根处理，防治“地老虎”。

6. 冬（春）灌

膜下滴灌棉田通常应每年进行冬灌，灌水时间为10月下旬至11月上旬，灌水定额根据土壤盐分和土壤质地确定，通常为1200～1800m^3/hm^2（120～180mm）。盐碱含量高的可根据实际另行确定。

第三节 玉米膜下滴灌水肥管理

● 要点提示：了解和掌握玉米膜下滴灌技术田间水肥管理及相配套的栽培措施等。

一、灌溉管理

1. 播种至出苗期

开春后5cm地温连续5d稳定在12℃时可开播，一般情况下，在4月上旬。采用干播湿出的，根据天气情况适时滴水出苗。灌水定额300～450m^3/hm^2（30～45mm）。

2. 苗期

根据土壤墒情和苗势适时灌头水，头水宜晚宜大，一般情况下以225～375m^3/hm^2（22.5～37.5mm）为宜，轻质土宜少量勤灌。

3. 穗期

此阶段需水量占全生育期的40%左右，穗期灌水总量1500～1800m^3/hm^2（150～180mm），此时期共灌水3次，灌水周期为8～10d，拔节期第1次灌水要灌足灌匀，灌水量在525～600m^3/hm^2（52.5～60mm），雄穗开花期灌水2次，灌水定额450～525m^3/hm^2（45～52.5mm）。

4. 花粒期

此阶段需水量占全生育期的45%左右，花粒期灌水总量2100～2400m^3/hm^2（210～240mm），此时期共灌水5次，灌水周期为8～12d，散粉吐丝期2次，灌溉定额450～525m^3/hm^2（45～52.5mm），灌浆成熟期3次，灌溉定额225～525m^3/hm^2（22.5～52.5mm）。如遇干热天气可适当增加灌溉次数和灌溉水量。玉米膜下滴灌推荐灌溉制度详见表9－8。

表9－8　玉米膜下滴灌灌溉制度

生育期		灌水次数	灌水时间	灌水定额	
				m^3/hm^2	mm
播种出苗期		1	4月10日左右	300～450	30～45
苗期		2	5月20日左右	225～375	22.5～37.5
穗期	拔节期	3	6月28日左右	525～600	52.5～60
	雄穗开花期	4	7月7日左右	450～525	45～52.5
		5	7月14日左右	450～525	45～52.5
花粒期	散粉吐丝期	6	7月21日左右	450～525	45～52.5
		7	7月29日左右	450～525	45～52.5
	灌浆成熟期	8	8月9日左右	450～525	45～52.5
		9	8月22日左右	375～450	37.5～45
		10	8月30日左右	225～300	22.5～30

二、施肥管理

1. 基本原则

依据玉米种植地块的土壤肥力状况和肥效反应，确定目标产量和施肥量，玉米的施肥应采用有机、无机相结合的原则，同时要注意施肥技术与高产优质栽培技术相结合，尤其要重视水肥联合调控。

2. 土壤肥力分级

农田土壤氮水平以土壤碱解氮含量高低来衡量，即小于 40mg/kg、40～100mg/kg、大于 100mg/kg 分别为低、中、高水平；土壤磷水平以土壤有效磷含量高低来衡量，即小于 6mg/kg、6～20mg/kg、大于 20mg/kg 分别为低、中、高水平；土壤钾水平以土壤速效钾含量高低来衡量，即小于 90mg/kg、90～180mg/kg、大于 180mg/kg 分别为低、中、高水平。

3. 基肥

在玉米播种、耕翻前施入农家肥，将磷肥、钾肥以及 20%的氮肥混匀后撒施，再将 15～22.5kg/hm^2 的微肥硫酸锌与 2～3kg 细土充分混匀后撒施，然后将撒施基肥实施耕层深施。玉米基肥推荐用量见表 9－9。

表 9－9　玉米基肥推荐用量

肥力水平	农家肥 (t/hm^2)	磷酸二铵 (kg/hm^2)	硫酸钾 (kg/hm^2)	硫酸锌 (kg/hm^2)
高	15	195～240	0～75	15～22.5
中	15～30	240～285	75～150	15～22.5
低	30～45	285～330	150～225	15～22.5

注　化肥养分含量为：磷酸二铵 46%P_2O_5，18%N；硫酸钾 33%K_2O。

4. 种肥

播种时施 75kg/hm^2 的磷酸二铵作种肥。

5. 追肥

追肥可根据土壤养分状况和玉米的生长发育规律及需肥特性结合滴水施入，将剩余的 80%的氮肥分为 9 次分别在苗期、拔节期、大喇叭口期（分 2 次滴施）、抽雄期（分 3 次滴施）、灌浆期（分 2 次滴施）随水滴施尿素，以保证玉米高产对氮素营养的需要。玉米追施尿素推荐量见表 9－10。

三、配套栽培措施

1. 定苗

玉米出苗显行后，开始中耕。4～5 叶时定苗，注意留苗要均匀，去弱留强，去小留大，去病留健，定苗结合株间松土，消灭杂草，若遇缺株，两侧可留双苗。一般定苗密度 5000～6000 株为宜。可见叶 11～12 片时灌第一水，根据土壤墒情和玉米长势适当进行蹲苗，当苗色深绿，长势旺，地力肥，墒情好时应进行蹲苗；地力瘦、幼苗生长不良，不宜蹲苗；沙性重、保水保肥性差地块不宜蹲苗。

表 9－10　玉米追施尿素推荐量　单位：kg/hm^2

肥力水平	苗期	拔节期	大喇叭口期		抽雄期			灌浆期	
	第 1 次	第 2 次	第 3 次	第 4 次	第 5 次	第 6 次	第 7 次	第 8 次	第 9 次
高	27～30	58.5～64.5	57～61.5	57～61.5	52.5～58.5	52.5～58.5	52.5～58.5	48～52.5	48～52.5
中	30～33	64.5～70.5	61.5～67.5	61.5～67.5	58.5～63	58.5～63	58.5～63	52.5～57	52.5～57
低	33～36	70.5～78	67.5～75	67.5～75	63～70.5	63～70.5	63～70.5	57～63	57～63

注　尿素氮含量为 46%N。

2. 去分蘖

玉米分蘖要及时去除，去蘖时，切不可动摇根系损伤全株。

3. 病虫害防治

应选用抗病品种，播种前用种衣剂拌种。玉米瘤与黑粉病防治：苗期至拔节期，叶面喷施好力克或甲基托布津1～2遍进行防治；“地老虎”防治：在种子包衣或药剂拌种的基础上，若田间仍出现“地老虎”幼虫，可在5月下旬用菊酯类农药连喷2次，间隔时间5～7d。对于玉米螟和棉铃虫防治，大喇叭口期，用1.5%辛硫磷、3%呋喃丹颗粒剂$30kg/hm^2$，加细砂5kg拌匀灌心。对于红蜘蛛和叶蝉防治，早期点片发生时，立即用三氯杀螨醇1000倍液或40%乐果乳油1500倍叶面喷洒，突击防治；或用敌敌畏、异丙磷（200g）加锯末（或麦糠）混匀，每隔2～3行撒于行间进行熏蒸。

4. 冬（春）灌

膜下滴灌棉田通常应每年进行冬灌，灌水时间为10月下旬至11月上旬，灌水定额根据土壤盐分和土壤质地确定，通常为$1200\sim1800m^3/hm^2$（120～180mm）。盐碱含量高的可根据实际另行确定。

参 考 文 献

[1] 张志新，等. 滴灌工程规划设计原理与应用 [M]. 北京：中国水利水电出版社，2007.

[2] 李富先，等. 滴灌系统安装与管理 [M]. 北京：中国劳动社会保障出版社，2008.

[3] 张志新，等. 滴灌 [M]. 乌鲁木齐：新疆科技卫生出版社，1992.

[4] 张志新，胡卫东. 新疆微灌技术的新进展 [C] //第六次全国微灌大会论文汇编，2004.

[5] 张志新，等. 新疆水资源和节水灌溉 [M]. 北京：中国水利水电出版社，2011.

[6] 张国祥，丁苏疆. 对微灌滴头水流流态若干问题的思考及补偿机理的探索 [J]. 农业工程学报，2012 (1).

[7] 中国灌溉排水发展中心. 新疆大田膜下滴灌技术及典型应用 [R]. 2010.

[8] 康跃虎. 滴灌盐碱地开发利用与咸水灌溉技术研究成果图片报告 [R]. 2007.

[9] 刘战东，肖俊夫，郎景波，等. 不同灌水技术条件下春玉米产量及效益分析 [J]. 节水灌溉，2011 (12).

[10] 汪希成，汤莉，严以绥. 膜下滴灌棉花生产的经济效益分析与评价 [J]. 干旱地区农业研究，2004 (6).

[11] GB/T 50485—2009 微灌工程技术规范 [S]. 北京：中国计划出版社，2009.

[12] DB 65/T 3055—2010 大田膜下滴灌工程规划设计规范 [S]. 新疆维吾尔自治区质量技术监督局 2010 年 1 月 25 日发布.

[13] DB 65/T 3056—2010 大田膜下滴灌系统施工安装规程 [S]. 新疆维吾尔自治区质量技术监督局 2010 年 1 月 25 日发布.

[14] DB 65/T 3058—2010 田间微灌系统质量验收标准 [S]. 新疆维吾尔自治区质量技术监督局 2010 年 1 月 25 日发布.

[15] DB 65/T 3057—2010 大田膜下滴灌系统运行管理规程 [S]. 新疆维吾尔自治区质量技术监督局 2010 年 1 月 25 日发布.

[16] DB 65/T 3107—2010 棉花膜下滴灌水肥管理技术规程 [S]. 新疆维吾尔自治区质量技术监督局 2010 年 3 月 31 日发布.

[17] DB 65/T 3108—2010 加工番茄膜下滴灌水肥管理技术规程 [S]. 新疆维吾尔自治区质量技术监督局 2010 年 3 月 31 日发布.

[18] DB 65/T 3109—2010 玉米膜下滴灌水肥管理技术规程 [S]. 新疆维吾尔自治区质量技术监督局 2010 年 3 月 31 日发布.